チワワの飼い方・しつけ方

前田智子 監修

成美堂出版

やっぱり
チワワが
好き！

ハッピーライフ 6つのポイント

チワワは世界でいちばん小さなワンコ。
小さい体にピンと立った耳、
大きくてキュートな瞳、
カラーもいろいろで、みんなに大人気です。
かわいいチワワとのハッピーライフを
家族みんなで楽しみましょう！

体は小さいけど、
元気いっぱい！

たくさん
遊ぼうね

スムースも
ロングも
どっちもかわいい！

ポイント 1 こんにちは！今日から家族だね

家族の一員になるチワワは
どんなコがいいかな？
子犬との出会いはわくわくします。
元気で健康な子犬を迎えましょう。

子犬を迎える前に
準備をしておこう。

➡ P 28

ちっちゃくてかわいい！
お気に入りのチワワを選ぼう。

➡ P 26

ポイント 2

はじめが大切！
子犬のしつけ

子犬は遊びや毎日の体験から
いろいろなことを覚えます。
子犬がおうちにきた日から、
しつけをスタート！

体をさわられるのが
大好きなチワワに育てよう！

➡ P 44

サークルにハウスとトイレを
セット。

子犬のために安心できる
生活環境を用意。

➡ P 34

ちょうどいい広さの
ハウスを選ぼう。

➡ P 34

ポイント
3

チワワが安心して生活できるように
飼い主さんが頼りがいのある
リーダーになりましょう。

チワワに信頼される リーダーになろう！

名前を呼んだらすぐ見るワンコに！
P 79

リーダーとして
正しい行動を
とろう。
P 66

指示語のトレーニングは
成功させてほめるのがコツ。
P 68 ～ 81

散歩はルールを
守って楽しもう。

➡ P 84～89

散歩中は
リードを
はずさないこと。

ポイント 4

散歩やカフェの
おでかけマナー

散歩は飼い主さんとチワワの
リフレッシュ・タイム。
どんどん外に連れ出して、誰からも
かわいがられるチワワに育てましょう。

散歩中はチワワから
目を離さないで。

お店ではリードを
はずさないのが原則。

おうちで「マット」の
練習をしておこう。

カフェには
抜け毛の飛散防止に
洋服を着ていこう。

カフェ・デビューは
基本のしつけができてから。

➡ P 90～91

トマト
ブロッコリー
にんじん
牛肉
豚肉
馬肉

手づくりゴハンは
栄養のバランスを考えて。

P 114〜116

ポイント
5

栄養たっぷり！
おいしいゴハン

元気いっぱい健康な
チワワに育てるために、
栄養バランスのいいフードを
あげましょう。
ときには手づくりゴハンをあげるのも
おすすめです。

ドライフード

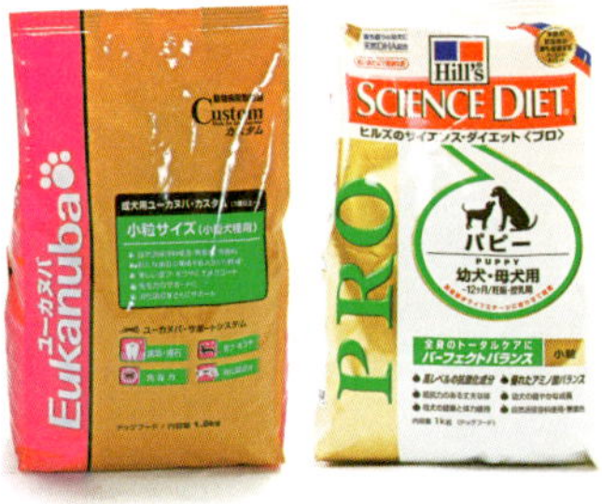

ドッグフードは
ライフステージに合わせて
チョイスしよう。

缶詰

体格や運動量に
合わせて食事の量を
調節する。

P 110

ニット帽で
プリティ・チワワ！

ポイント 6 超かわいい！ チワワのおしゃれスタイル

小さくてかわいいチワワには、おしゃれな洋服もたくさん市販されています。
洋服は抜け毛が落ちるのを防ぎ、寒さ対策もバッチリ。
かわいいワンコ服を見つけましょう。➡ P 130～135

リボンや
エクステで
プチおしゃれ気分！
➡ P 134

スタイリッシュな
ファッションも
楽しめる。

カジュアル・スタイルで
元気いっぱい。

ときには
おもいっきり
かわいく！

チワワの飼い方・しつけ方
CONTENTS

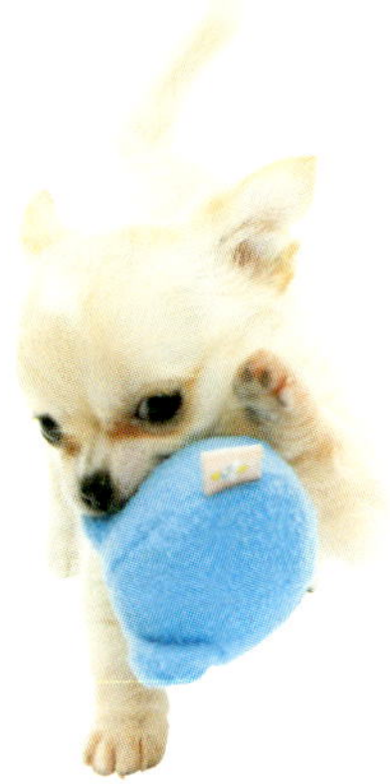

PART 3 おりこうチワワのトレーニング＆マナー

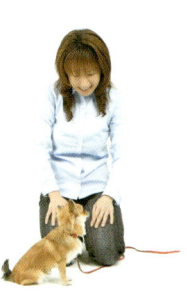

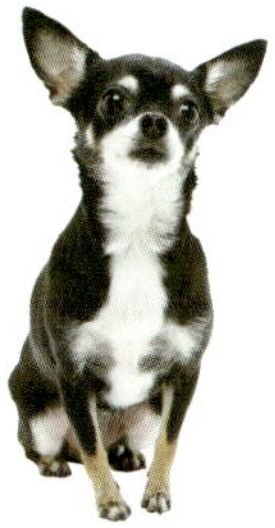

PART 4
元気なチワワのおいしいゴハン

PART 5

チワワのお手入れとおしゃれテクニック

PART 6

長生きしてね！健康チェックと病気

チワワが大好きなみなさんへ

　とっても小さな体、きらきらした大きな目、ピンと立った耳が魅力的なチワワは、はじめて犬を飼う人にも人気の犬種です。
　なめらかな短毛のスムース・タイプとフサフサの飾り毛をもつロング・タイプ、さらに毛色にもさまざまなバリエーションがあり、かわいさもいろいろ。抱っこして一緒におでかけしやすいのも、人気の秘密といえそうです。
　チワワは体が小さいため過保護に育てがちですが、世話やしつけは他の犬と同じように必要です。信頼関係を築き、しっかりしつけることで、チワワとの世界がぐんと広がります。
　チワワは家族の一員であるだけでなく、家を一歩出れば社会の一員でもあります。愛犬が思わぬトラブルを起こしたり、危険な事故にあったりしないためにも、飼い主さんが正しい知識と自覚をもって飼いましょう。チワワが社会の一員としても幸せに暮らすためには、まず飼い主さんが信頼できるリーダーになることが大切です。
　家族に迎えたチワワを心身ともに健康に育てて、十数年の命を最後まで見守るのは、飼い主としての責任。どんなことがあっても一生、一緒にいてあげてください。
　本書で紹介するしつけや飼い方、お手入れ法、健康管理などの情報を参考にして、チワワとのハッピーライフを楽しみましょう。

前田 智子
家庭犬トレーニングインストラクター

PART 1

チワワと楽しく暮らそう！

ピンと立った耳と
大きな目が
チャームポイント。

キュートな魅力で人気の小型犬！チワワってどんな犬？

**小さな体につぶらな瞳がかわいい！
チワワは大人気の小型犬。
しっかりしつけて
家族の一員に育てよう。**

チワワの魅力
極ミニサイズのポケット・ドッグ

純血種としては世界最小の犬種といわれるチワワ。小さな体にウルウルとした大きな目、個性豊かなかわいさから大人気の小型犬です。チワワは日本やアメリカで多く飼われています。

最近は、チワワの人気がさらに急上昇中。そのかわいらしさと飼いやすい大きさが、人気の秘密といえるでしょう。

キュートなチワワを
飼う人が増えている。

チワワはこんな人に人気！

- マンションなどの集合住宅に住んでいるので、小型犬を飼いたい。
- ドッグウエアを着せておしゃれなワンコに！
- いろいろなところに連れて行きたい。
- 小さくて、ラクに抱っこできる小型犬がいい。
- お手入れが簡単な犬種がいい。
- いろいろなカラーから選びたい。
- 長時間の散歩や、たくさん運動させるのは大変そう……。

チワワってどんな性格？
体格に似合わず強気のコも！個性豊かな犬種

好奇心が旺盛なチワワは、遊ぶのも大好きで、活発な犬種です。

チワワはか弱く、臆病で、おとなしい、というイメージをもっている人もいるでしょう。

小さいので過保護にしがちですが、頭がよくて動きは機敏です。体が小さい犬種は、そのぶん、強気に吠えたり、威嚇《いかく》したりして、自分や群れを守ろうとする傾向が強くなるといわれています。

怖がりで飼い主さんに甘えるチワワもいますが、プルプル震えているように見えても、実は気が強いチワワもいるのです。強気のコは相手に向かっていくこともあります。

チワワは明るく活発な性格。

友好的なチワワに育てよう！

チワワを飼うときは、飼い主さんがリーダーになって、ワンコとしっかり信頼関係を築くことが大切です。吠えたりかんだりするチワワにならないように、しっかりしつけましょう。

また、小さいからといって、家の中だけで飼っていると、よその犬や人が苦手というコに育ちがちです。子犬の頃から、いろいろな人や犬に会わせて、社交的なチワワに育てましょう。

なるほど チワワ

チワワはメキシコ原産、アメリカ育ち！

「チワワ」という犬種名は、メキシコ最大の州、チワワ州からついたとされています。チワワの起源ははっきりわかっていませんが、かつては野生にいた犬が、10世紀頃のメキシコで、トルテカ族によって家畜にされたのが飼育のはじまりという説が有力です。

祖先犬は「テチチ」という小型犬だといわれ、このテチチはトルテカを征服したアステカ族の建造物の壁画にも描かれていました。

その後、チワワは19世紀半ばにアメリカに入り、やがて愛玩犬として人気を集めます。当初はスムース・タイプだけでしたが、ポメラニアンやパピヨンなどと交配され、ロング・タイプができました。日本では1970年代頃から一般に広く知られるようになります。現在は、誰でも知っている人気犬種です。

はじめにスムース・タイプが誕生。

毛質とカラー

チワワはカラーによって
イメージがさまざま。

スムース&ロングにカラータイプもいろいろ！

短毛のスムースと飾り毛がきれいなロング。
カラー・バリエーションも多く、
いろいろな印象のチワワがいます。

被毛の特徴
光沢のあるスムース、ふさふさロングの２タイプ

チワワには、なめらかな短毛が密集しているスムース・タイプと、わずかにウェーブした柔らかく長い毛質のロング・タイプとがあります。ロング・タイプは、耳と首、四肢、尾に長い飾り毛があるのが特徴です。

スムース・タイプ
すべすべした光沢のある短い被毛。

ロング・タイプ
わずかにウェーブがかかった柔らかい被毛。

チワワのカラー

チワワのカラーには、さまざまな色合いがあり、すべての色がスタンダードに認められています。

代表的なカラーは、レッド、クリーム、ブラック＆タンなど。単色でも濃淡がちがったり、他の色の模様が入ったパーティカラーや、差し毛が入ったタイプなども見られ、バリエーションは大変豊富です。

だんだん色が変わる!?

毛色は繁殖したブリーダーによって、血統書に記入されます。ただし、成長するとともに、１歳くらいまでに色が変わることもあります。子犬のときはクリームだったチワワがだんだんレッドのように濃くなったり、逆にレッドの色が抜けて淡くなったりすることも。外側の毛が生えかわるにつれて、黒い差し毛が抜けて明るい色合いになることもあります。

カラー・バリエーション

レッド

明るめの
赤っぽい茶色。

クリーム

白よりもやや黄色
がかった淡い色。

フォーン

レッドより淡く、
クリームに近い
明るさ。

ホワイト

真っ白が美しいカラー。

ブラック&ホワイト

白と黒の２色の
ブチが個性的。

ブラック&タン

全体的に黒く、目の上、
ほほ、胸からおなかなどに
タンと呼ばれる
黄褐色が入る。

ブラック&タン&ホワイト

ブラック&タンに
白が入り、
トライカラーとも
呼ばれる。

チョコレート&タン

深みのある濃い茶色に
一部タンが入るタイプ。

チョコレート&ホワイト

濃い茶色に
白が入ったカラー。

レッド&ホワイト

明るい茶色と
白が入るタイプ。

チワワの体の特徴と年齢に合わせた世話のポイント

成長に合わせて世話をしよう。

チワワの体の特徴を知っておきましょう。犬の成長はとても早いので、年齢に合わせて世話をすることが大切です。

体の特徴
世界最小の犬種チワワの標準サイズ・特徴は？

チワワは世界でもっとも小さな犬種。成犬になっても1kgに満たない犬もいます。JKCのスタンダード基準では1～2kgが理想とされていますが、チワワによって体格はいろいろ。体の特徴は右のページを見てください。

なるほど チワワ

チワワの体型は？

一般にチワワの体型にはドアーフとハイオンの２種類があるといわれます。

ドアーフタイプ

ずんぐりむっくりした、昔ながらのチワワらしい体型。コピータイプとも呼ばれる。

ハイオンタイプ

手足が長く、首もすっとしているスリムな体型。バンビタイプ、シカタイプとも呼ばれる。

血統書とは？
犬のプロフィールがわかる血統証明書

血統書は純血種である証明書で、３～５代前までの祖先などがわかります。親や祖先、犬種のほか、毛色、生年月日、きょうだい犬の数、繁殖者名なども記入されています。血統書は繁殖した人の名前になっているので、ドッグショーの出場や繁殖をさせるときは、名義変更をしておきましょう。

血統書についてわからないことは、ブリーダーやショップの人に聞いておこう。

チワワの特徴

サイズ
体重はオス、メスともに500g～3kgで、1～2 kgが理想的。

ボディ
背はまっすぐで短く、お尻はわずかにアーチして幅広い。前胸は発達し、おなかは引きしまっている。

頭
頭部はきれいな丸みのあるアップルドーム形。

被毛

●スムース・タイプ
柔らかく、短い光沢のある毛質。首の毛は粗く、頭と耳の毛はひじょうに短い。

●ロング・タイプ
長く柔らかい毛質で、ややウェーブしている。耳、首、四肢の後ろ側とシッポには飾り毛がある。

四肢
前足はまっすぐで、開いていない。後ろ足はよくしまり、筋肉がついている。指は小さくしまっている。

目
丸くてパッチリと大きく、あまり突出しすぎていない。両目の間隔は離れていて、正面から見て顔の両端についている。色は暗色、ルビー色、または明るい色。

耳
顔に比べてやや大きなそり耳。緊張したときは立ち、落ち着いているときは約45度に開いている。

口
歯は上下がぴったりとかみ合うレベルバイトか、上歯がやや前に出てかみ合うシザーズバイト。

鼻
鼻筋はまっすぐで適度に短く、鼻は小さくわずかにとがっている。

以上JKC規定による

チワワの成長カレンダー

ワンコの年齢▶

チワワの成長

人の年齢でいうと…

誕生から45日

新生児期

生まれてからしばらくは、母乳を飲んで眠るだけの生活。母犬がお尻をなめて排泄の世話もします。3～4週目頃から自分で排泄し、乳歯もはえてきます。不安や恐怖心もなく社会性を学ぶために大切な時期です。

人の年齢にたとえると2歳前後までの時期。

45日から3か月

社会化期

いろいろなものに興味をもち、何でも吸収できる時期。心が柔らかいうちに積極的に多くの人や犬に会わせたり、いろいろな体験をさせて、人の社会になれさせることが重要。ハンドリング(➡P 44～49)をはじめましょう。

2歳前後の最初の反抗期から3歳ぐらいまでの幼児期。

3か月から6か月

幼年期

犬仲間と一緒に遊ぶチャンスがないと、社会化不足の犬になってしまいます。ワクチン接種が完了したら積極的に散歩にでかけること。また、パピーパーティで他の犬と遊べる状況をつくりましょう。

幼稚園児から小学校低学年くらいの年頃です。

スタンダードと成長カレンダー

かわいい子犬はあっという間に成長して、すぐにオトナになります。
それぞれの年齢に合わせた世話やしつけのポイントを紹介。

6か月から1年半　青年期

頼りがいがあるリーダーだワン

生後6か月頃になると永久歯が生えそろいます。生後1年くらいで成犬に近い体つきに。この時期になると順位を気にするようになり、よくも悪くも自信をもつようになります。信頼関係を築くことが大切です。

小学生から大学生くらいの成長期です。

1年半から7～8年　成犬期

オスワリ

体の成長が安定し、毎日の生活に新しい変化がなくなり、脱社会化する場合もあります。散歩やハンドリング、指示語のトレーニングなどを通じて、チワワとのコミュニケーションを深めましょう。

20歳の成人から40代半ばくらいまでの時期です。

7～8年以上　老犬期

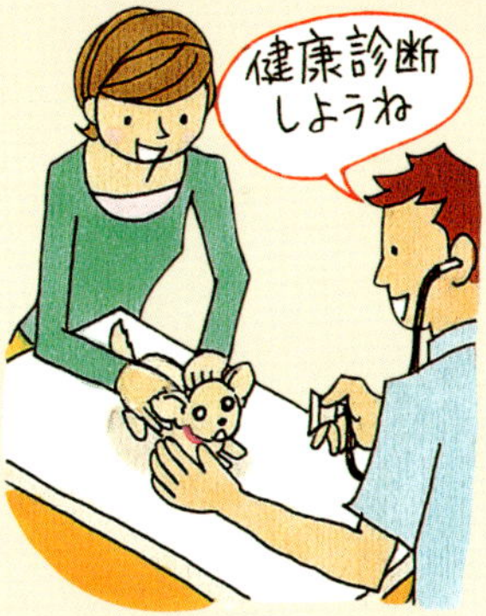
健康診断しようね

7歳を過ぎる頃から、歯が抜ける、目が見えにくくなるなど、だんだん老化が見られるようになってきます。これまで以上に環境、食事、運動、お手入れなど、健康管理にしっかり気を配りましょう。

40代半ば以降の中高年期から老年期です。

チワワの行動には理由がある！犬の本能を知ろう

チワワとなかよく暮らすために、犬がもともともっている本能を知っておきましょう。

ワンコの本能を知ってしつけに役立てよう。

犬のことを知っておこう
生まれながらにもつワンコの本能とは？

チワワを飼うなら、人間社会の一員として共存するためのルールを教えなければなりません。

そのためには、犬が本来もっている本能や習性を知っておきましょう。

チワワにとって家族は群れの仲間。

犬は群れで生活する

犬は群れをつくって暮らし、その中でリーダーに従う習性があります。飼い主がリーダーとなり、チワワが安心して頼れる信頼関係をつくることが、しつけの基本といえるでしょう。

チワワが家族を信頼していなかったり、リーダーになっている場合、飼い主のいうことを聞かなかったり、攻撃的な態度をとることもあります。

チワワに信頼されるリーダーになろう。

犬のおもな本能

吠える、威嚇《いかく》するなど、おもな犬の本能を紹介します。

権勢《けんせい》本能

リーダーとして上に立とうとする本能。群れにリーダーがいないと思うと、自分がリーダーになって群れを守ろうとします。

権勢本能が発揮されると、家族のいうことを聞かなくなる。

警戒《けいかい》本能

なわばりを守るために、他者の侵入を警戒して吠えたり、うなったりします。

チャイムに吠えるのは警戒本能。

防衛《ぼうえい》本能

群れや家、自分の子などを守ろうとして威嚇、攻撃行動をとります。

持来《じらい》本能

遠征してつかまえた獲物を、自分の住みかにもち運びます。

自衛《じえい》本能

自分の身を守るために、他者に不信感や懐疑《かいぎ》心をもったりします。

捜索《そうさく》本能

獲物を探し出そうと追求します。

遊戯《ゆうぎ》本能

群れの中でたわむれながら、自然に知能、体力を養い、優劣関係を学習します。

遊びながら上下関係を確認する。

どうして吠えるの？
まず本能を
理解しよう。

どんなチワワをどこから迎える？

どんなチワワが飼いたいか決まってきたら、どこから入手するか考えましょう。ペットショップやブリーダーをチェック！

大切な家族だからこそしっかり選ぼう。

子犬選びのポイント
性格はどんなコ？性別はどちらがいい？

子犬はそれぞれ性格がちがいますが、短い時間では、なかなか判断できないものです。また、将来どんな性格のコに育つかは、飼ってからのしつけしだいで変わります。

子犬を選ぶときは、健康で元気なチワワを選ぶのがなによりも大切。顔つきやカラーなど、かわいいと思える子犬との出会いを大切にしましょう。

● オス・メスで迷ったら

オスはメスよりなわばりを気にする傾向が強く、メスは順位に対して気まぐれな面があるといわれています。メスは年２回の発情期（ヒート）のときは出血があります。オスでもメスでも、しっかりしつければ飼いやすい性格に育ちます。

性別にこだわらず、気に入った子犬を選ぶことをおすすめします。

お気に入りのチワワを迎えよう。

責任をもって飼おう！

チワワは体が小さいので、他の犬より飼うのがラクだと思っている人もいるようです。しかし、人間の都合、犬の病気や老化、介護など、将来的なことまで考えた上で犬を迎えてください。小型犬の寿命は約 14 ～ 18 年。きちんと世話やしつけができるかどうか、家族で確認しておきましょう。

どこで買う？
ブリーダー、ショップなど信頼できるところで

子犬は犬を繁殖しているブリーダーやペットショップから買うのが一般的です。

チワワは人気の犬種なので、いろいろなショップで子犬と出会うことができるでしょう。

元気で健康な
子犬を迎えよう。

ブリーダーから買う

ブリーダーはチワワを繁殖して、直接、子犬を販売しています。チワワ専門のブリーダーもいるのでインターネットや雑誌で情報を集めましょう。

ブリーダーから買う場合は、子犬だけでなく親犬を見られるのがメリット。親犬の性格や、大きくなったらどんな毛色になりそうかなど、くわしく聞くこともできます。きょうだい犬から選べる可能性もあるのがうれしいところ。

ペットショップで買う

ペットショップの場合は、気軽に子犬を見られるのがメリットです。子犬や店内が清潔か、犬の排泄の後始末をきちんとしているかなどをチェックし、いくつか比較することも大切。

スタッフが犬にくわしいかどうかも、重要なポイント。飼い方やしつけに関しててていねいに教えてくれる信頼できるショップを選びましょう。

インターネットで買う

ブリーダーやショップの中には、インターネットで子犬を販売しているところもあります。

ネットで子犬を探すのもよいのですが、写真だけではわかりづらいこともあります。

家族の一員を迎える大切な出会いなので、できるだけ子犬を実際に見せてもらうことをおすすめします。

Point

子犬を迎えるときはコレを確認！

子犬を安心して迎えられるように、確認しておくことがあります。はじめは食事内容を急に変えないほうがいいので、いままでどんなフードをどのくらい食べていたかなど、子犬の世話をしていた人に具体的に聞いておきましょう。

健康状態などを聞いておく

- 食欲や健康状態
- 排便・排尿の回数と状態
- 予防接種の種類と接種時期
- 食べているフードの種類と量
- そのほか世話の注意点など

チワワがくる前に必要なグッズをそろえよう！

チワワに合うサイズのグッズを選ぼう。

子犬が過ごすサークルやハウスのほか、エサなどいろいろなグッズが必要です。子犬のために部屋の安全確認もしましょう。

必要なグッズを用意

子犬を迎えるまでに快適な飼育環境をつくる

チワワを迎えることが決まったら、子犬がくる前に飼育グッズや部屋の準備をしましょう。子犬の生活場所になるサークルはP 34を見て環境を整えます。エサは子犬を迎える日に、それまでと同じものを用意しましょう。

子犬の飼育グッズ

子犬がきたら安心して暮らせる環境を整えるために、飼育に必要なものをそろえておきましょう。おもなグッズを紹介します。

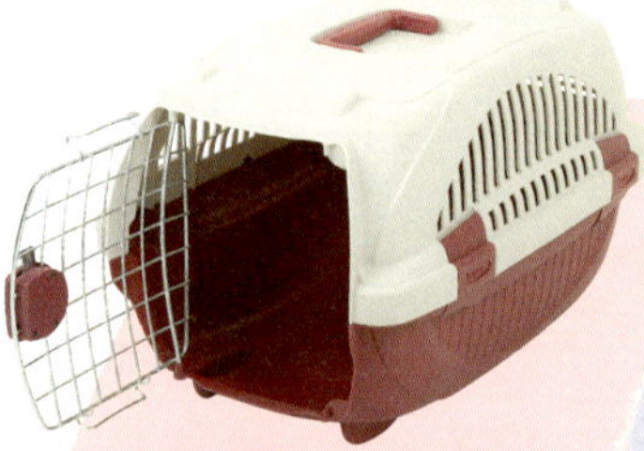

ハウス

子犬が安心して寝られるように、かならず屋根つきのものを選ぶ。広すぎず、狭すぎずがベストサイズ。➲P 34

サークル

チワワのサークルは60㎝×90㎝以上のものを選ぼう。普段はサークル内で過ごさせるので、ハウスとトイレ以外に遊べるスペースが必要。➲P 34

トイレ

チワワなら小型サイズでOK。

ペットシーツ

外出時にももち歩くので多めに用意。

エサ

子犬用のドッグフード。はじめはいままで食べていたのと同じものをあげる。

食器・水容器

陶器製、ステンレス製、プラスチック製など。平たくて安定性があり、洗いやすいものをフード用、水用に用意。

首輪とリード

子犬の首のサイズに合ったものを。成長に合わせて買いかえる。
➡P 53･59

水飲みボトル

サークルの柵にとりつける。こぼさないので衛生的。

グルーミンググッズ

ブラシ、コーム、はさみ、爪切りなど、お手入れに使う。
➡P 118～125

消臭剤

トイレを失敗したときなど、ニオイを消す必要があるので、かならず用意しておこう。

オモチャ

フード類を仕込める知育トイのほか、一緒に遊ぶときに使うオモチャを用意する。

見ていられるときに使うもの
柔らかい素材のものは、一緒に遊ぶときに使おう。

サークルに入れて使えるもの
知育トイは中にフードやおやつを入れて使う。➡P 39

安全な部屋をつくる チワワにとって危険なものはないか

部屋で遊ばせる前は、安全確認をしよう。

子犬は赤ちゃんと同じように、何でもかじったり飲み込んだりする可能性があります。子犬を入れる部屋はきちんと片付け、電気コードなど危険なものは、できるだけ家具の後ろに隠しましょう。

子犬が食べると危険なものがある台所や、落ちる危険性がある階段などは、出入りできないようにしておくこと。サークルから部屋に出しているときは、子犬から目を放さないようにしましょう。

飲み込むと危険なもの

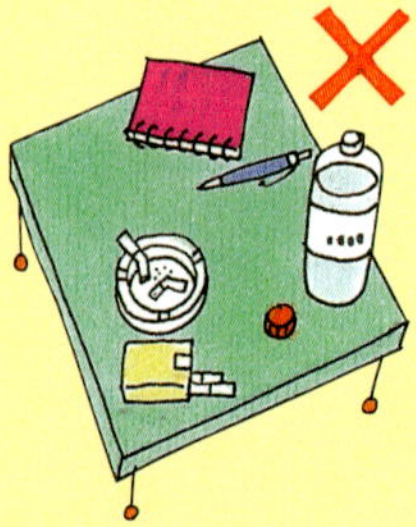

ペットボトルのフタ、人間用の薬などは、チワワが飲み込むと大変危険。部屋をきれいに片づけて、低いテーブルの上のタバコやボールペンなどの文具にも気をつけて。

かじると困るもの

かじられると困るものは片づけておくか、あらかじめ苦い味のスプレー（Ｐ 100）をかけておく。かじってよいオモチャを用意しておこう。

落ちたら危ない！

イスやソファから飛び下りたり、落ちると大ケガをすることも。高い場所に勝手に乗らないよう、目を離さないこと。また、急に叱ると飛びおりるので危険。

フローリングに注意

フローリングの床はすべりやすいため、ケガの原因になることもある。部分的にでもカーペットをしくのがおすすめ。

近所へのあいさつ
子犬が家にくる前に あいさつをしておこう

　家族にとっては、子犬がくるのが待ち遠しいところですが、その前にするべきことがあります。チワワは体が小さくても、吠えれば声が響きます。とくに家にきて数日は、夜鳴きでうるさいこともあるでしょう。子犬を迎える前に「しばらく吠えるかもしれませんが…」と、犬を飼うことをあらかじめ近所の人に知らせておくのが理想的。

　犬好きな人には、子犬がきたら遊びにきてもらいましょう。いろいろな人に会う練習になります。

犬を飼うことを知らせておけば、トラブル予防にも効果的。

アドバイス

飼い主の 法的な義務は?

犬を飼うのは楽しいことですが、犬嫌いの人を増やさないため、まわりに迷惑をかけないように気をつけることも大切です。飼い主として、犬をしつけるのは当然の義務ですが、法的に果たすべき義務もあるので、忘れずに行なってください。

● **狂犬病予防接種**

犬の飼い主は、犬が生後90日を過ぎたら狂犬病の予防接種を受けさせることが義務付けられています。狂犬病の予防接種は、その後も年に1回必要です。

● **畜犬登録**

狂犬病予防接種を受けたら「注射済証明書」をもって畜犬登録の手続きをしてください。手続きは市区町村の役所、出張所または保健所で行ない、登録すると鑑札、標識、注射済証が交付されます。

● **予防接種と健康診断**

法的な義務ではありませんが、感染症の予防接種と健康診断も定期的に受けるのがおすすめ。予防できる病気に感染しないようにケアするのも飼い主のつとめです。

● **保険加入**

散歩中にチワワが飛び出して人にケガをさせてしまった、他人にかみついてしまったなど、思わぬ事故を起こすことも考えられます。損害保険の中で、犬の事故に対応するものを検討してみるのもいいでしょう。

病気の予防接種を忘れずに受けよう。

We Love Cutie Chihuahua! ❶

チワワを飼うには どのくらい費用がかかる？

●はじめに用意するもの

はじめは必要な飼育グッズをそろえる必要があるので出費が重なります。サークルやキャリーバッグなどは、長く使うことになるので、安全性と衛生面を考え、丈夫で掃除しやすいものを選ぶこと。

また、布製ハウスは洗えるものが多いですが、ときどき買いかえが必要です。知育トイやオモチャも、劣化してきたら買いかえましょう。

初期費用の目安

サークル	約 10,000 円〜
キャリーケース	約 5,000 円〜
トイレトレー	約 1,000 円〜
エサ容器・水容器	約 500 円〜
首輪・リード・迷子札	約 2,000 円〜
ブラシ類、爪切りなど	約 1,000 円〜
オモチャや消臭剤	約 500 円〜

消耗品費・医療費の目安

エサ	約 1,000 円〜
おやつ	約 200 円〜
ペットシーツ	約 1,000 円〜
トリマーによるシャンプー代	約 3,000 円〜
シャンプー剤（自宅用）	約 1,000 円〜
洋服	約 3,000 円〜
混合ワクチン接種（年 1 回）	約 7,000〜10,000円
医療費（健康診断 1 回）	約 10,000 円

●飼いはじめてからかかるもの

エサやおやつ、洋服など、普段の生活にかかる費用は、それぞれの状況によってちがいます。エサやワクチン接種など、健康管理のためには、お金もかかります。ケガや病気をしたときの医療費は、症状や処置によって費用はいろいろ。急な出費にそなえて、普段から積み立てするなど準備しておくのがおすすめ。犬用の保険もあります。

さらに、首輪やリード、ハウスなどの買いかえも定期的に必要です。

元気なチワワでいてもらうために、予防接種や健康診断が欠かせない。

PART 2

子犬の生活環境と基本のしつけ

チワワが安心して生活できるように快適な居場所を用意

家にやってきた子犬が安心して暮らせるように、まず、よい環境をつくりましょう。落ち着ける場所にサークルを用意します。

子犬には専用の
生活スペースが必要です。

サークルとハウスを選ぶ

チワワのためにサークルを置いてハウスをセットする

チワワを飼う環境でいちばん大切なのは、サークルを置いて専用スペースを用意してあげること。犬はなわばりを気にする動物なので、自分だけの決まった居場所があると落ち着けるのです。

チワワのサークルは、60cm × 90cm 以上の広さがあるのが理想的。サークル内には、チワワが休んだり眠るための屋根つきのハウスを置きます。中でフセたり寝たりするのに、ちょうどよい大きさのものを選びましょう。サークルには、ペットシーツをセットしたトイレトレーも入れます。

ハウスの選び方

ハウスはかならず屋根つきタイプを選ぶこと。穴ぐらのような場所だとチワワが落ち着いて休めるからです。ちょうどよい広さのものを選びましょう。

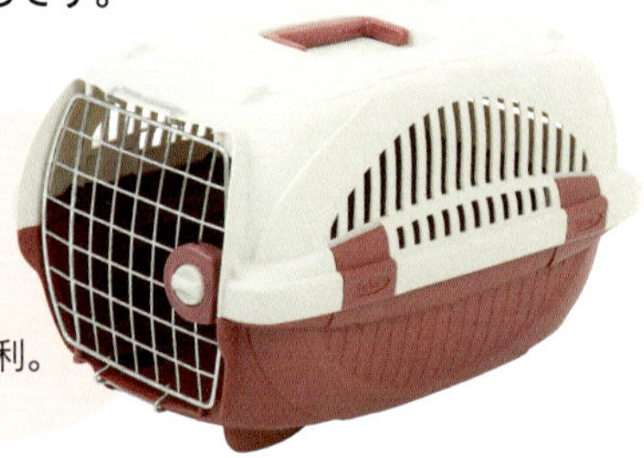

クレイトは
移動用にも
使えるので便利。

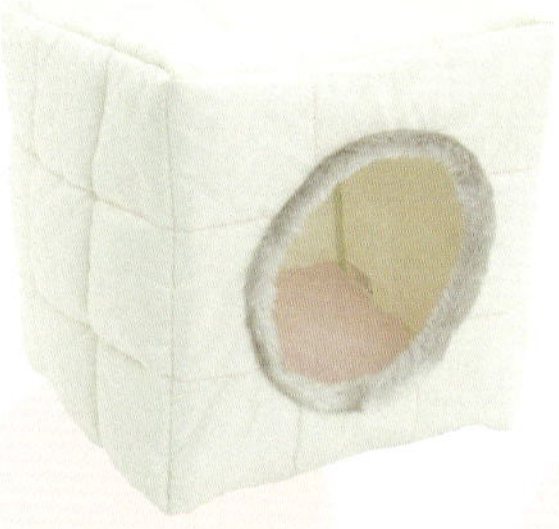

いろいろなタイプがあるので
好みのものをチョイス。

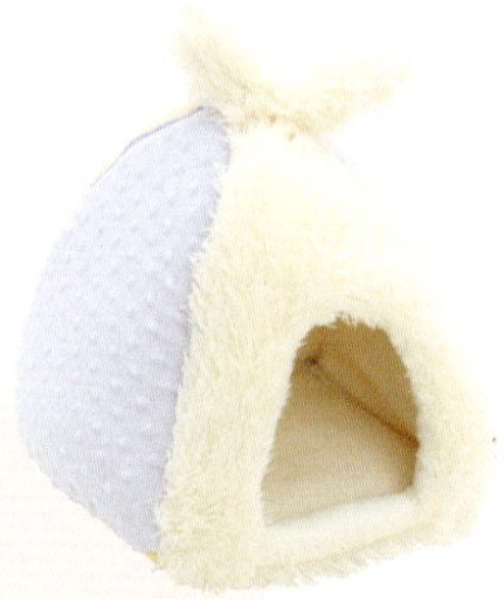

屋根つきならこんな形でもOK。

サークルの場所
落ち着いて過ごせる静かな場所に置こう

サークルは静かで、犬にとって気になる刺激が少ないところに置きましょう。音がうるさい場所、人の出入りが激しい場所などでは、犬が落ち着いて休むことができません。

窓ぎわは外を通る人や車が見えたり、直射日光が当たって暑すぎることもあるので要注意。玄関を入ってすぐの廊下なども不向きです。家族の集まる部屋の隅など、快適なところを選びましょう。

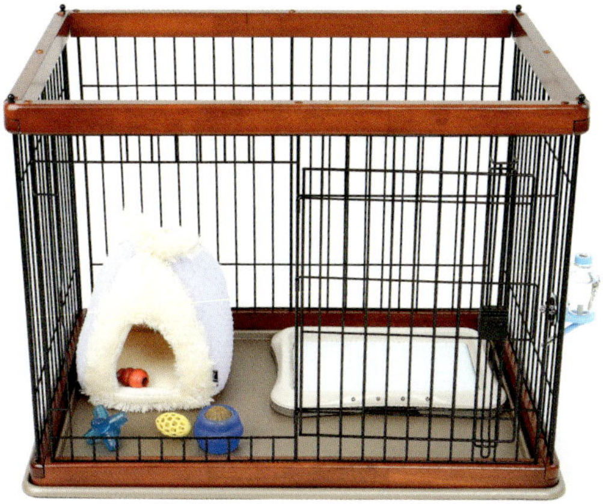

サークルには屋根つきハウスとトイレをセットし、知育トイ（➲P 39）を入れます。

こんな場所にサークルを置いてはダメ！

- 外がよく見える窓ぎわは、車や通行人が気になるので不向き。
- ドアの近くは、人の出入りが多くて落ち着きません。
- テレビのそばなど、音の刺激が強い場所は避けましょう。

サークルをセットする

- 子犬がくる前に用意するのがおすすめ。
- サークルは 60cm × 90cm 以上が目安。ハウスとトイレを置いて、遊ぶスペースが確保できると理想的。
- 屋根つきのハウスを入れる。
- トイレを入れる。
- 飲み水用の食器を置くか、水飲みボトルをセット。

アドバイス

簡易ベッドはサークルの外で使おう！

ペットショップなどでは、さまざまなワンコ用ベッドが市販されています。ハウスに向くのは屋根つきのタイプ。屋根がなく、上に乗るだけの簡易ベッドは、サークル外でのワンコの指定席として使うとよいでしょう。

ハウスのしつけ（➲P 80）と同じ方法で「ベッド」を教えれば、「ベッド」の言葉で乗るようにトレーニングできます。

屋根なしタイプは簡易ベッドとして使いましょう。

かわいい子犬が家にくる日の世話はどうする？

いよいよ子犬が家にやってきます！
遊びたい気持ちはわかるけど、はじめはあまりかまいすぎないでね！

新しい環境に
なれるまで
そっと見守ろう。

子犬はいつ迎える？
できれば休日の早い時間に迎えよう

準備が整ったら、子犬を家に迎えます。子犬を家に連れてくるのは、時間に余裕がある休日がおすすめです。時間帯は、明るい時間帯がよいでしょう。家族が家にいる休日なら、子犬が新しい環境になれる様子を見守ることができますね。

家に連れてきたら、すぐに遊んだりせずに、そのままサークルに入れて過ごさせましょう。

おとなしくしていたら
少しだけ遊んでOK。
フードや知育トイ(➡P 39)と
一緒にサークルに戻そう。

初日の世話
子犬をかまいすぎないで！新しい環境になれさせる

子犬がやってきたら、なでたり遊んだりしたいところですが、ちょっと待って！　２〜３日はあまりかまわず、家族は普段と同じように過ごしましょう。子犬はサークルの中から家族を観察し、少しずつ新しい環境になれていきます。

サークルで落ち着いて過ごせるチワワになることは、幸せな共同生活に欠かせません。子犬が家にきた日からサークルで過ごさせることで、これからのしつけがグンとラクになるのです。

子犬が家にきた日の過ごし方

サークルと留守番

専用のサークルはワンコが安心できるプライベートルーム

**チワワを室内で放し飼いにしないこと。
サークルを使うとしつけもスムーズになります。
人と犬が安心して過ごすためには、
サークルは重要アイテムなのです。
家にきた日からサークルに入れましょう。**

サークル好きのチワワは留守番も得意！

サークルはワンコの個室
普段はサークルの中で過ごさせることが大切

チワワは小型犬なので「部屋で自由にさせてあげたい」と思う人も多いでしょう。しかし犬にとっては、広いほうが幸せというわけではありません。狭くても自分だけのスペースがあるほうが安心して休めるのです。ワンコのプライベートルームとなるサークルは、かならず用意しましょう。

サークルで困った行動や事故を防ぐ

サークル内にいれば、チワワにとって怖いことや危険なことも少なくなります。そそうやいたずらなどの困った行動が減るので、ほめるチャンスを増やせます。サークルで過ごさせると、成功を導くしつけができるのです。なにより誤飲などの事故が防げるのは大きなメリット。

サークルで落ち着いて過ごせるチワワになれば、ペットホテルに泊まったり、入院するようなときでも安心して過ごせるでしょう。

チワワの留守番
サークルで過ごすときはワンコにとっては留守番です

部屋に出して一緒に遊んだり、散歩に行ったりするとき以外はサークル内で過ごしているチワワは、とくに練習しなくても上手に留守番ができます。サークル内にいるときは、家族がいてもいなくても、留守番と同じだからです。

サークルから出たがって騒ぐときは、決して出さずに無視すること。おとなしくしているときだけ出すことで、騒ぐこともなくなります。

サークルや留守番が大好きなチワワに育てるには、知育トイを上手に使うのがポイントです。

知育トイの使い方
おやつ入りの知育トイで上手に留守番できるよ

　サークルが大好きなワンコにするために、おやつ入りの知育トイを使いましょう。トイに仕込まれたおやつに熱中していると、退屈せず、サークルで楽しく過ごせるのです。知育トイは、ちがうタイプをいくつも用意し、長時間、飽きずに遊べるように工夫しましょう。

　中に入れるおやつはフードや犬用チーズ、ジャーキー、ササミなど、ワンコの好物を使います。子犬はあごの力が弱いので、丸飲みしても大丈夫なおやつを選ぶこと。市販のおやつは注意書きを読んで、子犬にあげてもよいかどうか確認を。

知育トイの洗い方

　おやつを仕込んだ知育トイは、きれいに取り出して内部まで洗い、清潔に保つようにします。中が洗いにくいものは、赤ちゃんの哺乳ビン用の洗剤を使い、つけおき洗いをするとよいでしょう。

いろいろな知育トイ

転がすと中のおやつが出るもの、
かじって少しずつおやつを食べるものなど
タイプはいろいろ。
いろいろな知育トイを
用意しましょう。

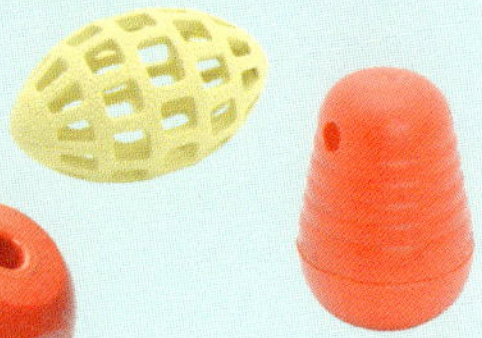

知育トイにおやつを入れてみよう

はじめはすぐ食べられるように仕込むのがコツ。
なれてきたら取り出しにくいように入れて、
長時間遊べるように工夫を。

詰め込む・塗り込む
穴にフードを詰め込み、かじりながら少しずつ出せるようにします。チーズやレバーなどを中に塗るように入れるのもおすすめ。

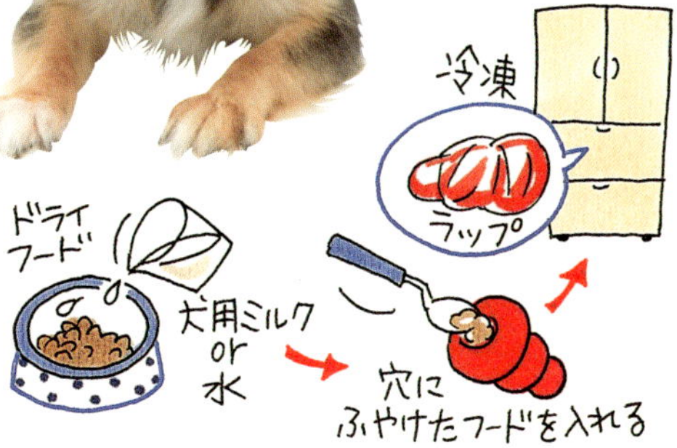

入れてから凍らせる
フードを水や犬用ミルクでふやかして詰め、ラップで包んで冷凍。凍ったまま与えます。歯が生えかわる時期の子犬は、冷やすとむずがゆさがおさえられるのでおすすめ。冷凍タイプはあげすぎに注意。

トイレトレーをサークル内にセット。初日から教えよう！

**トイレのしつけは、
子犬がきた日からはじめましょう。
犬の習性を利用すれば、簡単に教えられます。**

トイレを覚えやすい環境を整えるのが成功への近道。

トイレはサークルで練習

犬の習性を利用してトイレを覚えさせよう

トイレは、普段いるサークルの中でさせるようにします。初日からトイレトレーにペットシーツをセットし、サークルに入れておきましょう。

犬は自分が寝る場所を清潔に保つ習性があります。ハウスの中で眠ったチワワは、起きて出てきたとき排泄することが多いので、トイレに誘導を。

トイレへ誘導したら排泄を促す言葉をかけます。上手にできたらほめること。やがてシーツの感触と言葉を覚えてトイレでするようになるでしょう。

排泄のサイン

こんな行動は
オシッコやウンチをするよ！の合図。
すぐサークル内のトイレにのせましょう。

そわそわして
落ち着きがなくなる。

床の匂いを
クンクンとかぐ。

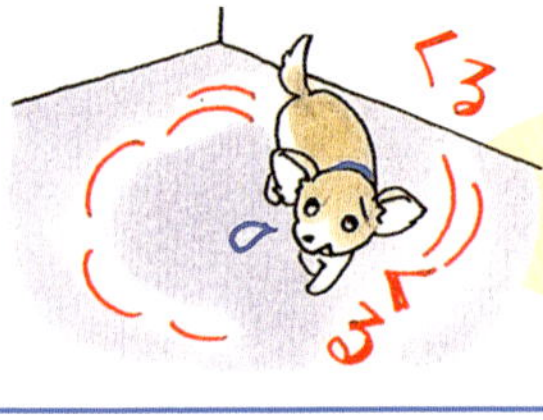

クルクルと
その場を回るように
歩き回る。

トイレ・トレーニングの手順

**上手にトイレでできたら、
タイミングを逃さずに
ほめるのがポイントです。**

1 サークル内の環境が整っていれば、自分からトイレに乗って排泄する。失敗してしまうときは、P42～43を参考にしよう。

2 排泄しているときに「ワンツー」「ピッピ」など、トイレの指示語をかける。

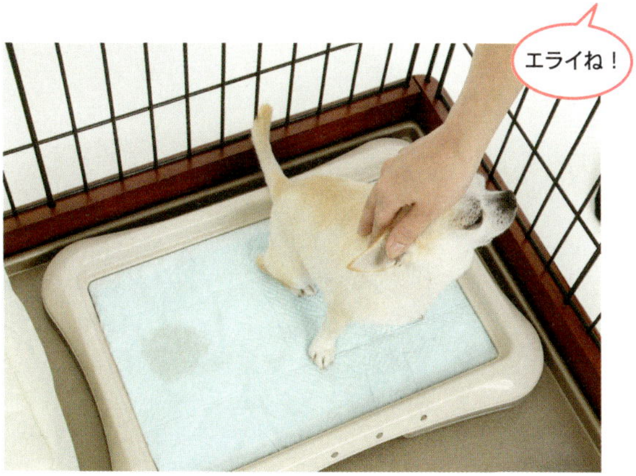

3 終わったら、すかさず直後にほめる。ごほうびを少しあげてもＯＫ。

サークルの外でも練習しよう

トイレでできるようになったら、サークルの外や屋外でも練習を。ペットシーツに乗せて「ワンツー」と声をかけます。ペットシーツがあれば、どこでもできるようになるのが目標。

こんなタイミングを逃さないで！

トイレに行くタイミングはだいたい決まっているので、これを利用して教えましょう。

- **起きてからすぐ！**
- **フードを食べたあと**
- **遊んだり、走ったりしたあと**

■トイレタイムの間隔は？

生後　8週	60～70分
生後　9週	75分
生後 10週	80分
生後 11週	85分
生後 12週	90分
生後 13週	95分
生後 14週	100分
生後 15週	105分
生後 16週	110分

左は獣医学的に見た子犬（週齢ごと）の膀胱がオシッコでいっぱいになる時間の目安。状況によって変化するが、子犬ほど短い間隔で排泄することを知っておこう。

トイレを失敗する理由

どうしてトイレでしないの？ 失敗の原因を考えてみよう

　サークルにハウスとトイレを入れてあるのに、子犬がトイレを失敗するときは、何か原因があるはずです。原因はいろいろなので、なぜ失敗するか考えることが大切。どのような失敗をするかによって、それに合わせた対処法を紹介します。

サークル内での失敗

ハウスの中にしてしまう

原因

ハウスが広すぎる

ハウスが安心できる寝床になっていれば、オシッコやウンチで汚すことはありません。ハウスが広すぎると、ハウス内で寝るスペース・排泄スペースをつくってしまいます。ハウスを小さめにしましょう。

ハウスの上にしてしまう

原因

ハウスが狭すぎる

ハウスに入らずにサークル内の他のスペースで寝ているチワワは、ハウスをつぶして、トイレにしてしまうこともあります。ハウスが狭いようなら、ちょうどよい大きさに変えましょう。

トイレからはみ出してしまう

原因

トイレが狭い or わかってない

トイレが狭いときは、ひとまわり大きくしましょう。ハウス以外のスペースにペットシーツを敷きつめて、少しずつ狭くしていく方法や、トイレに低い囲いをつける方法も有効です。

室内での失敗

部屋でそそうする

原因

サークルで過ごさせていない

子犬は短時間で排泄するため、何時間も部屋に出しているとトイレの失敗が多くなります。サークルで長時間過ごさせ、トイレをしたらほめ、排泄後に少しだけ出すようにしましょう。

かくれてトイレをする

原因

トイレの失敗を叱ったことがある

叱ってしつけようとすると、犬は排泄すると「叱られる」と思います。かくれてしたり、見てないときにしたり、ウンチを食べてしまうようになります。失敗しても決して叱らないこと。

失敗しても叱らない

絶対に叱らないこと！だまってそうじしよう

子犬がトイレ以外で排泄してしまったときは、叱ったり騒いだりしないこと。子犬をキャリーケースに入れ、子犬が見ていないところでだまってそうじをします。ニオイが残っていると同じ場所にすることがあるので、ペット用消臭剤も使いましょう。普段から子犬はサークルに入れておき、トイレでできたらP41のようにほめ、トイレ以外でしそうなときは、すぐにトイレに乗せて指示語で促すこと。習性を利用して成功の体験を積み重ねれば、かならずできるようになります。

失敗したら、叱らずにだまってそうじ。子犬はサークルやキャリーケースに入れ、そうじしているところを見せないこと。

体をさわる「ハンドリング」でおりこうチワワに！

**人を怖がるチワワでは、
なかよく暮らすことができません。
人にさわられることが好きなチワワにするため、
ハンドリングの練習をしましょう。
家にきて3～4日めからはじめます。**

どこをさわられても
リラックスしている
チワワに育てよう。

ハンドリングとは？ 人にさわられるのが大好きになるための練習

小さなチワワにとって、人はとても大きい存在。なでようとしても、嫌がったり、吠えたり、かんだりしようとすることもあります。

さわられることはうれしいとチワワに教えるには、子犬の頃からたくさんさわり、なれさせることが大切。たくさんハンドリングすることで、さわられるのが大好きなチワワに育ちます。

子犬のときからハンドリングをして、オトナになってもときどき行なうこと。ハンドリングは信頼関係を築くと共に、チワワとの楽しいコミュニケーションにもなります。

ハンドリングのコツ

1
フードを手にもち、チワワが食べている間にさわる。フードと関連づけて「さわられるのはうれしいこと」と思わせる。

2
1ができるようになったら、フードなしでさわる。さわっても嫌がらなかったら、すぐにほめてフードをあげる。

犬が嫌がるときは？

はじめはハンドリングを嫌がるチワワもいます。そんなときは、さわり方を弱くするなど、刺激をソフトにしましょう。嫌がるからとやめないことが大切です。嫌がるサインを参考にして、上手にハンドリングを練習しましょう。

嫌がる・気持ちがヘコむサイン

フードを食べるのが止まる。

シッポを下げたり、巻き込む

耳が後ろのほうに向く。

さわっている足を引っ込めようとする。

もった手をペロペロなめたりかんでくる。

さわった部分を見ようと振り返る。

子犬がかんできたら？

ハンドリング中や遊んでいるときに子犬がかんできたら、「痛い！」と叫んで動きを止めましょう。かまれても笑っていたり、高い声で騒ぐと、じゃれて遊んでくれていると誤解します。子犬が驚いて離すように、真剣に叫ぶのがポイント。

かんでも絶対に体罰をしないこと。「かむ→叩く」をしていると、もっと強くかむようになります。甘がみを許していても同様です。子犬のうちに人に歯をあてる力加減を教えましょう。

子犬の歯があたったら、痛くなくても「痛い！」と叫んでうずくまる。

しつけのコツ

かみつく力の加減は子犬にしか教えられない!?

本来、子犬は家族犬とじゃれたり、遊んだりしてかむ力の加減を覚えます。軽くかむのは大丈夫でも、本気でかんだら反撃されたり、遊んでもらえなくなることを学ぶのです。しかし、ペットの子犬は早い時期に家族犬と離れることが多いため、かむ力の加減を学習できないコがほとんど。

かむ力の加減を覚えるのは、生後４か月半ぐらいまでが限度といわれています。成犬になると、かむ力の加減は教えられません。

子犬のうちに、できるだけパピーパーティなどに参加させ、子犬同士で遊ぶチャンスをつくり、「かむ力の加減」を学習させましょう。

子犬は遊びながら、かむ力の加減を学習していく。

ハンドリング

フードを食べさせながら、
全身を軽くさわっていきます。
どこをさわられても大丈夫になるように、
少しずつなれさせましょう。

Point

ハンドリングは飼い主さんも笑顔で、楽しい遊びとして行ないましょう。おとなしくできたら、すぐにほめること。

1

頭を軽くトントンとさわる。

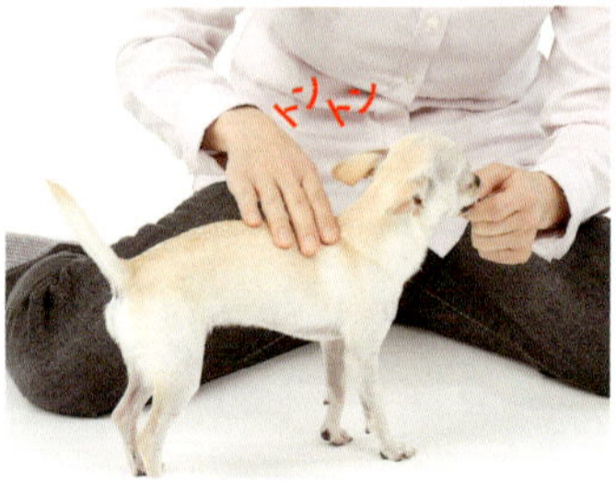

2

背中を軽くトントンとさわる。

3

首のつけねを軽くつまむ。

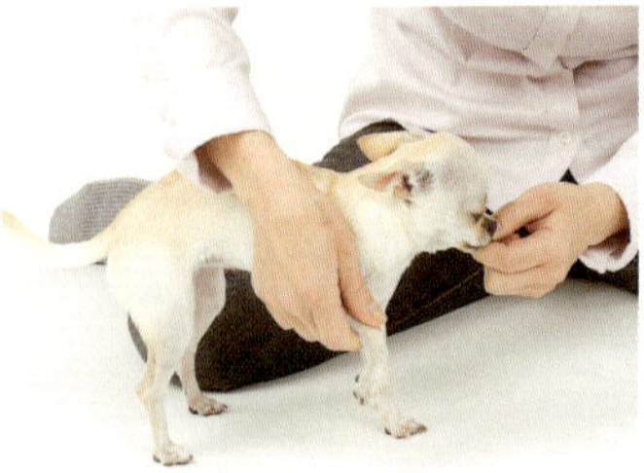

4

前足を付け根から足先まで軽くさわる。片足ずつ両方やろう。

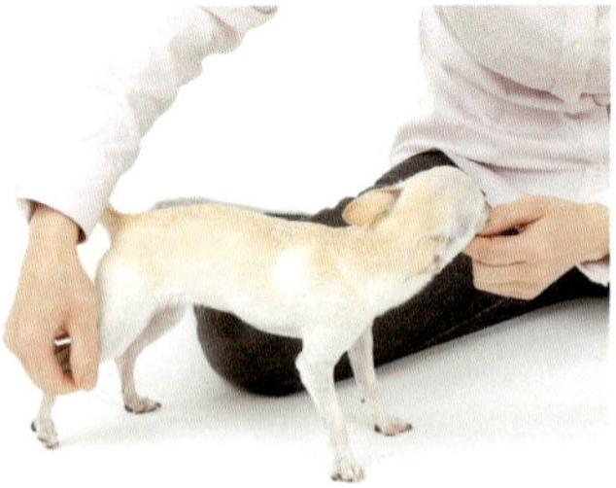

5

後ろ足も同じように片足ずつ、さわる。

6

横向きに寝かせておなかをさわる。

7

シッポをつけねから先までさわる。

成功のコツ

逃げきらせて終わりにしない

子犬が嫌がって逃げても、そのまま終わらせないこと。刺激を弱めて受け入れさせて、ほめて終わりにします。

ハードハンドリング

ハンドリングよりさわる力を強くしていきます。
はじめはフードを食べさせながらやり、
できるようになったら、おとなしくさわらせたら
フードをあげる、という方法で行ないましょう。

Point

これができたら安心！

強い刺激を受け入れられるようになると、キレにくいチワワになります。外で子どもに突然、頭をなでられたり、シッポを引っぱられても平気な「おりこうチワワ」になれば、事故などを防ぐことができるのです。

1
手をグーにして、頭をトントンとさわる。

2
背中をトントンとさわる。

3
首のつけねをキュッとつまむ。親犬がくわえる場所なので、強くつかんで引っぱっても大丈夫。

4
前足を足先までさわり、足先をギュッとつかむ。肉球もさわる。反対側もやる。

5
後ろ足も前足と同じようにやり、すべての足をさわる。

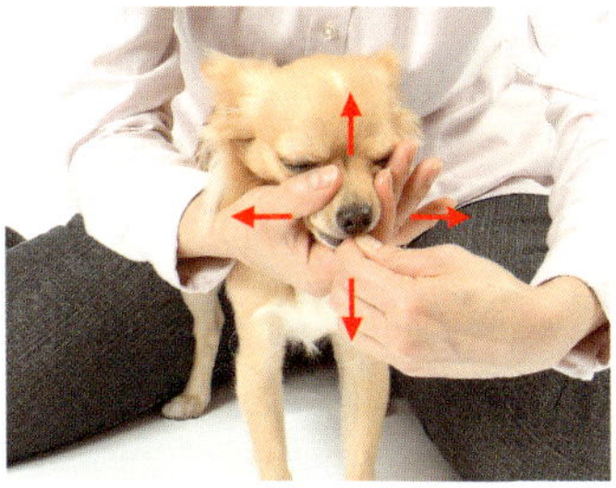

6
マズルを下からつかんで、上下左右に動かす。

成功のコツ

刺激の強さを変えてみる

嫌がるときは刺激を弱くし一瞬だけさわるなど工夫して続けます。刺激に強弱をつけて繰り返しながら、強いタッチも受け入れられるようにしましょう。

エライね
くいっ

7 シッポをつかんで、一瞬もち上げる。

イイコ
イイコ
ギュッ

8 腰をつかむ。

9 横向きに寝かせ、あごと骨盤のあたりをおさえる。

イイコね

10

9の状態のまま、手を放しても、おとなしく寝ていられるまで続ける。

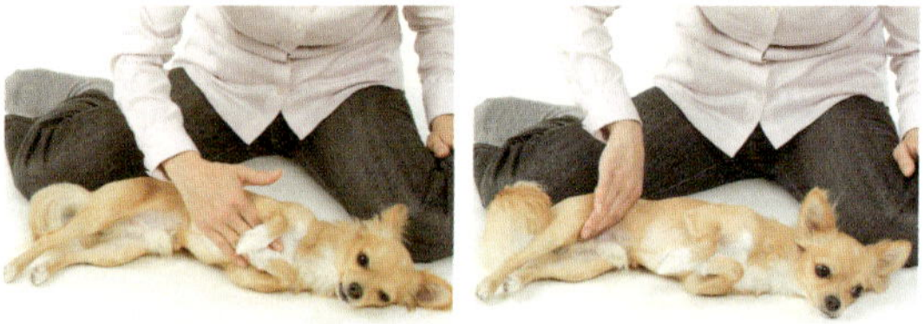

11 胸からそけい部までをさわる。頭をあげようとしたらおさえて続ける。

エライね

12

足を前に出してすわり、足の上に仰向けに寝かせる。リラックスして力が抜け、シッポがだらりと下がるまで続ける。眠ってしまうくらいリラックスできると理想的。

テンションコントロール

子犬と遊んでテンションを上げたり、抱きしめて落ち着かせたり、犬の気分をコントロールできる飼い主になりましょう。飼い主との信頼関係を深めるよいコミュニケーションにもなります。ほめながら楽しく！

激しく遊ぶ

子犬同士がじゃれて遊ぶときのように、楽しく遊んで子犬のテンションを上げてみましょう。子犬の遊びはかなり激しいので、激しく遊んでみます。

1
首輪とリードをつけ、リードの端を足先で踏んでおさえる。

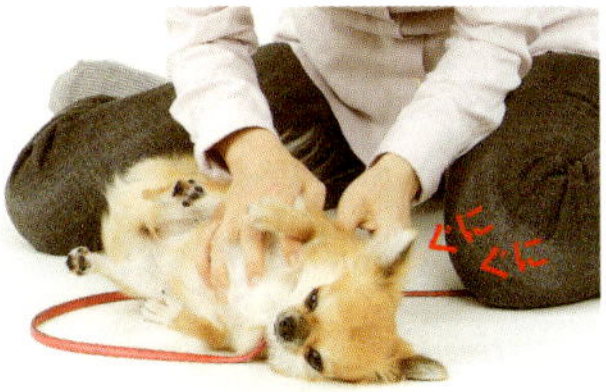

2
子犬を押して転がしたり、ぐにぐにと強めになでまわしたりする。

3
「えいっ」と、強めに押してもOK。

4
リードをぐっと引き戻す。

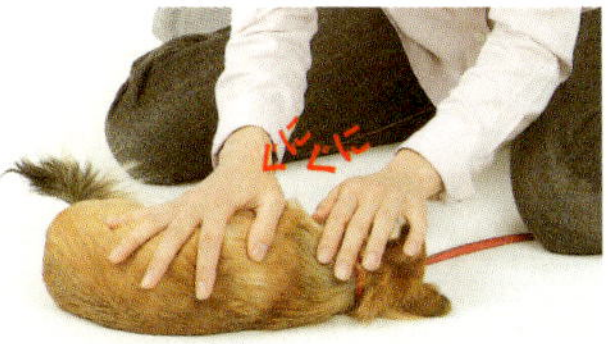

5
また体のあちこちをさわってなでまわす。

抱きしめる

犬のテンションを下げて静かに落ち着かせたいときは「守ってあげるよ」という気持ちで抱きしめましょう。愛情を伝えるのがコツ。

1
あごの下から手を入れて、頭を覆うようにして抱きしめる。

2
前足を出さないように片手で押さえる感じにする。反対向きもできるようにする。

ハンドリングのおさらい

抱きしめてハンドリング

ハンドリングとテンションコントロールができるようになったら、抱きしめたまま、足やマズルなどをさわるハンドリングをしてみましょう。さわられるのが大好きなワンコなら、安心して飼い主さんに身をまかせるようになります。

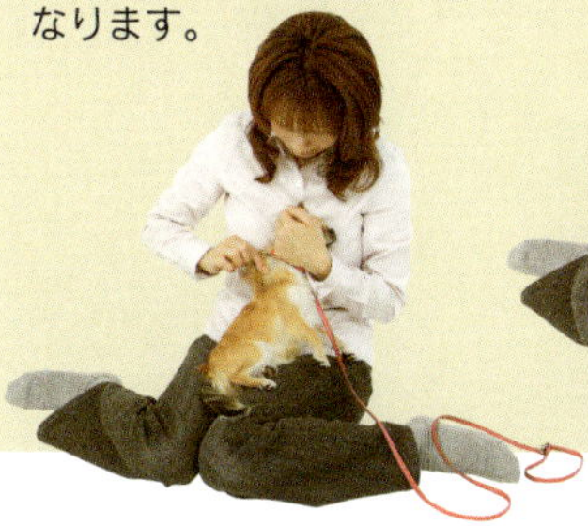

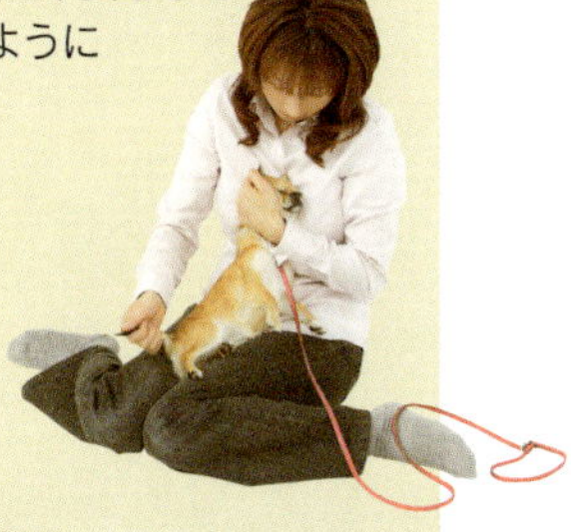

社会化期の過ごし方

生後3～4か月の子犬のうちにいろいろな体験を！

好奇心いっぱいの子犬を
たくさんの人や犬に会わせましょう。
この時期に多くの経験を積むことで、
いろいろなことを学習し、
友好的で落ち着いたチワワに育ちます。

子犬はすぐに成長する。
どんどん体験させよう。

社会化期とは？

心の窓が開いていて何でも吸収できる！

生後４か月半くらいまでの子犬は、好奇心があって何にでも興味をもちます。この時期は子犬の社会化期と呼ばれ、将来の性格を決めるもっとも大切な時期といえます。

まだ小さな子犬は恐怖心も少なく、人やモノをあまり怖がらないため、いろいろな刺激を受け入れることができます。たとえば花火の音なども、子犬のうちから聞いていれば、案外、怖がらず平気でいられるのです。人や犬を怖がらずに、上手につきあえるようになるのも、社会化期の体験しだいです。心の窓が開いているこの時期に、いろいろな体験をさせましょう。

犬の社会化期

できるだけ早い時期からたくさんの人と犬に会わせる必要があります。

■ 人に対する社会化期

生後８週まで	社会化最重要期
生後８～ 12 週	社会化基礎学習期
生後 12 週～生涯	社会化応用学習期

■ 犬に対する社会化期

生後 16 週まで	社会化発達期
生後 16 週～生涯	社会化応用学習期

たくさん遊ぶことも
大切な学習のひとつ。

体験することが重要！ 人を怖がらないチワワに育てよう

犬は嫌なことをされそうなとき、怖いときなどは逃げようとします。そして逃げられないときは、うなって威嚇《いかく》したり、反撃のためにかみついたりするのです。

チワワは体が小さいため過保護に育てがちです。成長過程でよい社会化経験が少ないと、攻撃的な性格になってしまうこともあるので注意しましょう。

そうならないためにも、子犬のときから多くの人とふれあう体験をさせ、「人は怖くない」と教えること。社会化期のうちからハンドリング（➡P44～49）をしたり、いろいろな人やほかの犬に会わせ、実際に体験させることが大切です。

社会化期・体験のポイント

よい経験をさせる
より多くの人になでられたりさわられる体験をさせます。おやつをあげながらさわるなどして、人の手にいい印象をもたせましょう。

少しずつ体験させる
怖がりそうな大きな音などは、小さな音から少しずつ聞かせること。楽しいことをしているときに気にならないように聞かせるのがコツです。

ワクチン終了までは感染に注意
混合ワクチン終了前の子犬は、地面を歩かせたり、知らない犬と接触させないこと。キャリーケースに入れたまま、外の世界を見せましょう。

いろいろな体験をさせよう

社会化期にいろいろな体験をすると、オトナになっても人や犬に友好的で、堂々としたチワワになります。

いろいろな音を聞かせる

電話やそうじ機の音、雷や花火の音など、生活の中には犬が嫌がる音もあります。そんな音を録音して、小さな音から聞かせ、なれさせましょう。楽しく遊んでいるときに隣の部屋でかけておくなどします。

いろいろな場所に連れて行く

見るもの、聞くものの刺激になれさせるために、道路や電車が通る踏み切り、工事現場などにも連れて行きます。キャリーバッグに入れ、バッグのメッシュ越しに外の世界を見せましょう。

他の犬に会わせる

犬同士のルールを覚えるためには、他の犬と遊ばせることが大切。ペットショップや動物病院などが主催するパピーパーティに積極的に参加を。

モノを守らせない

食器やオモチャなど、モノを守らせないようにしましょう。人が食器を下げるときに、食器とおやつを交換する練習を。

お客さんに会わせる

人になれるように、できるだけたくさんの人に会わせます。家に友人を呼んで、なでたり、おやつをあげたりしてもらいましょう。

抱っこして散歩する

子犬はワクチンの予防接種が終わるまでは散歩できませんが、抱っこして近所を歩くのはおすすめ。時間帯やコースを変えて、男性、女性、子どもなどいろいろな人が通るのを見せましょう。

首輪とリードをつける練習

はじめは家の中で練習します。散歩デビューまでに首輪とリードにならしておきましょう。
首輪はつけっぱなしでもOK。楽しいことと関連づけて練習を。

遊ぶ前に練習する

サークルから部屋に出すときに練習します。

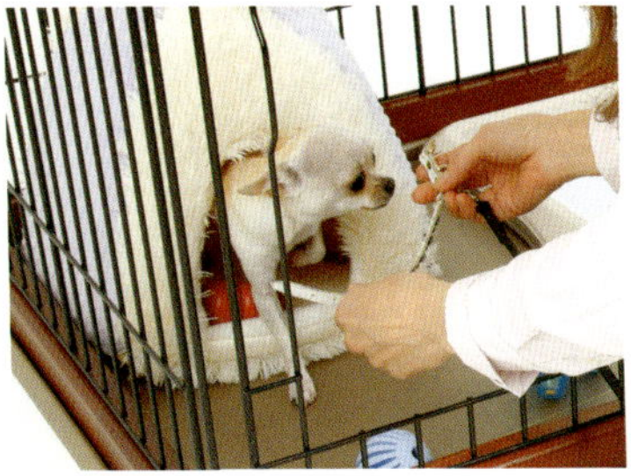

1
サークルの中で首輪をつける。はじめはゆるめでもOK。

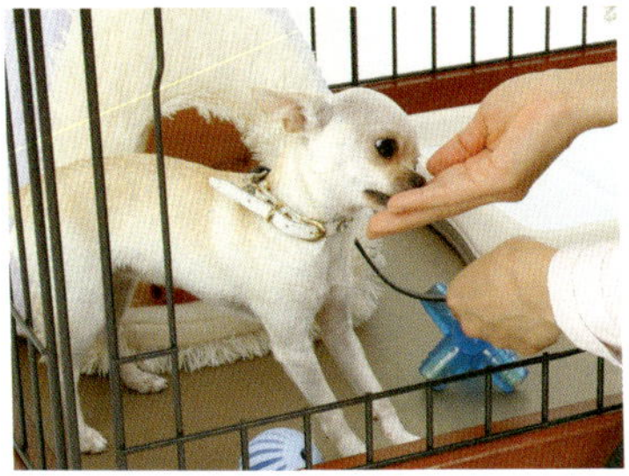

2
その場でフードを1粒あげる。

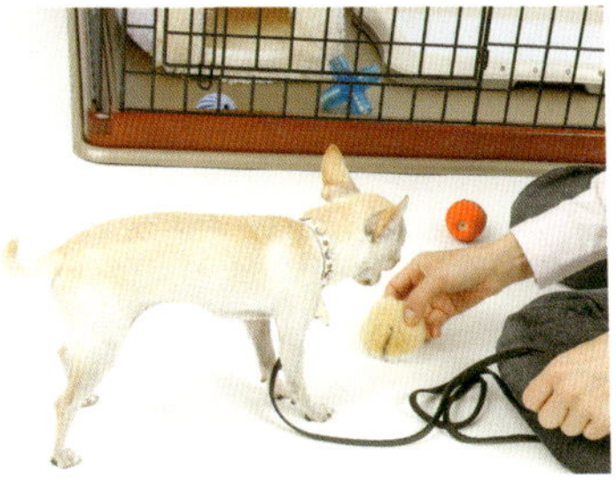

3
出して遊ぶ。

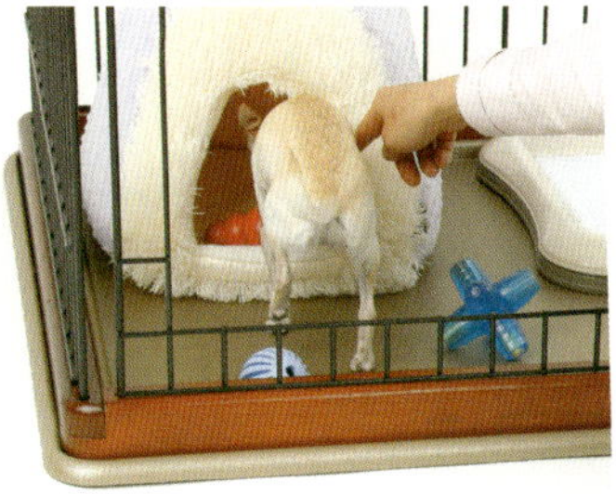

4
おやつ入り知育トイをハウスに入れてから犬を戻し、リードをはずして扉を閉める。

ゴハンの前に練習する

フードをあげる前に練習します。

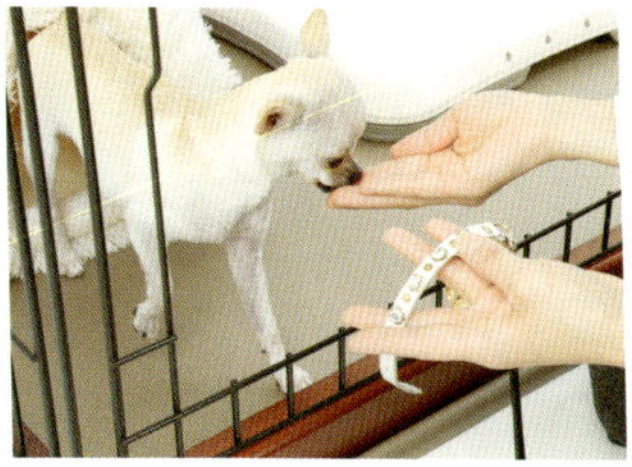

1
フードを用意して、首輪を見せながら1粒あげる。

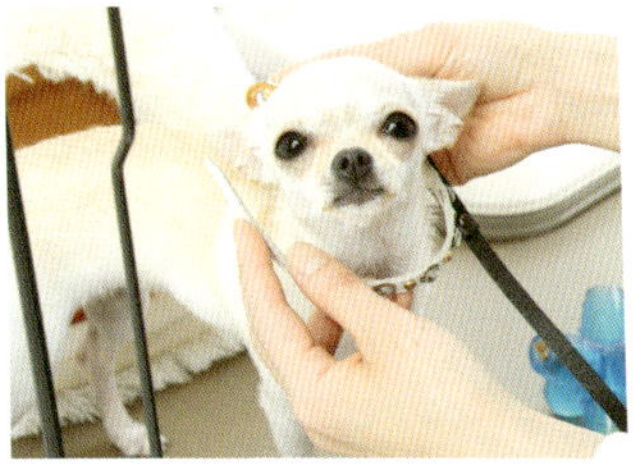

2
首輪をつけてからまた、フードを1粒あげる。

3
首輪とリードをつけたまま、残りのフードを食器であげる。

首輪とリード

首輪とリードはチワワのサイズに合わせて選びます。首輪は大きすぎて抜けたり、小さすぎて苦しくないように、成長期はこまめにチェック。

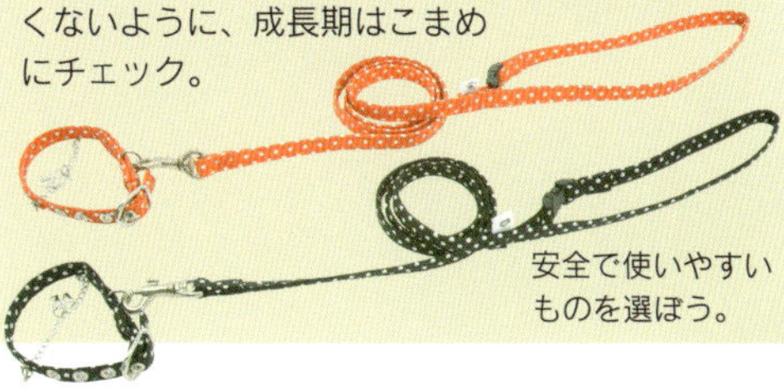

安全で使いやすいものを選ぼう。

オスワリやフセ、タッテなどをセットで教えよう

指示語で子犬が決まった姿勢をとるようにするための練習です。短時間でいいので、子犬が家にきた日から毎日、練習しましょう。

指示語のトレーニングは
子犬のときからスタート！

指示語の教え方
フードを上手に使って少しずつ教えよう

毎日の生活はもちろん、散歩に出かけるとき、カフェに連れて行くときなど、飼い主さんのいうことが聞けない犬は大変です。犬を好き勝手に行動させると事故やトラブルの原因にもなるので、オスワリやフセができるように教えましょう。

「オスワリ」「フセ」などの指示語は、家族みんなで言葉を決めて教えること。はじめはフードを使って、犬がやりたくなるように練習しましょう。

ゴハンの前に練習

1

食器に1回分のフードを用意。そこから練習用にフードをとって使う。

2

練習が終わったら、残ったフードを食べさせる。

Point

- 練習は短時間で。1回2～3分でOK。
- 1日3～4回、食事タイムの前に練習を。
- 毎日、少しずつ練習する。
- できたときはすぐにほめる。

Lesson 1 姿勢をとれるようにフードで誘導

はじめにフードを見せて手を動かし、フードの動きにつられて姿勢をとるように誘導します。できたらすぐに、ほめてフードを食べさせましょう。

オイデ

フードを見せながら、後ずさりする。ついてきたらほめて食べさせる。

ゴロン

肩のあたりにフードを見せ、背中に動かして体がころがるように誘導し、ゴロンができたらほめて食べさせる。

オスワリ

フードを鼻の上に見せて頭のほうに動かしながら座らせる。すわったらほめて食べさせる。

タッテ

フードを鼻先から前方に動かし、立つように誘導し、ほめて食べさせる。

フセ

フードを鼻先に見せ、低い位置に動かす。フセたらほめて食べさせる。

成功のコツ

- Lesson1では、「オスワリ」などの指示語は言わずに、無言で姿勢をとらせること。
- できたときはすぐにほめてから、フードを食べさせる。

Lesson 2 指示語の言葉をプラスする

フードの誘導で姿勢をとれるようになってきたら、
指示語の言葉をつけて練習します。
言葉を言って2秒でできなかったらすぐフードで誘導して
姿勢をとらせましょう。

Point

- 指示語は繰り返さず、1度だけ言う。
- できないまま終わらせない。姿勢をとらせてほめて終わりにする。

オイデ

「オイデ」と呼びながら
あとずさりをする。

こないときはすぐに
フードで誘導して、
きたら食べさせる。

オスワリ

「オスワリ」と言い、
座らせる。

できないときはフードで
誘導して座らせる。

フセ

「フセ」と言い、フセさせる。

できないときはフードで誘導して
フセさせる。

ゴロン

「ゴロン」と言い、
自分から寝転がらせる。

できないときはフードで誘導する。

タッテ

「タッテ」と言い、
立つ姿勢をとらせる。

できないときは
フードで誘導する。

Lesson 3 言葉だけでできるようにする

最後はフードを使わずに、言葉だけでできるように練習を。
できたらすぐにほめて、ごほうびにフードをあげてもOK。

オイデ

少し離れたところから「オイデ」と呼ぶ。

犬が正面にきたらほめる。

フセ

「フセ」と声をかける。

できたらすぐにほめよう。

オスワリ

「オスワリ」と声をかけ、できたらほめる。

ゴロン

「ゴロン」と声をかけ、自分から寝たらほめる。

タッテ

「タッテ」と声をかけ、立てたらほめる。

成功のコツ

ランダムに練習しよう

オスワリの次はフセ、というように教えると、言葉ではなく順番で覚えてしまいます。**「オスワリ→フセ」「タッテ→フセ」**など、順番を決めずにランダムに練習しましょう。そうすれば言葉を聞くことに集中し、指示語の意味を覚えるようになります。

チワワと楽しく散歩デビュー

予防ワクチンの接種が済んだら、チワワを連れて散歩デビュー。はじめは少しずつ歩かせてみましょう。

チワワは散歩から多くのことを学んでいく。

散歩の意味

小型犬でも散歩は必要！ 気分転換にでかけよう

チワワはとても小さいので、家の中で遊ぶだけで散歩はしないという飼い主さんもいます。けれども、散歩の目的は運動のためだけではありません。外を歩いていろんなニオイや風を感じ、気分転換することも、犬にとって大切なことなのです。

また、他の犬や人と会うことも、犬の社会性を育てるために役立ちます。ワクチン接種が終わったら、散歩にでかけましょう。

いろいろな物の上を歩く

外に出るとアスファルトや土、砂利、草の道など、いろいろな場所があります。どんなところも歩けるように、散歩デビューの前に室内で練習しておきましょう。

1

いろいろな素材のものを置いて、上を歩かせてみよう。

2

歩かないときはフードで誘導してもOK。歩いたらほめる。

3

いやがって乗らないときは、フードを並べて食べながら歩かせる。

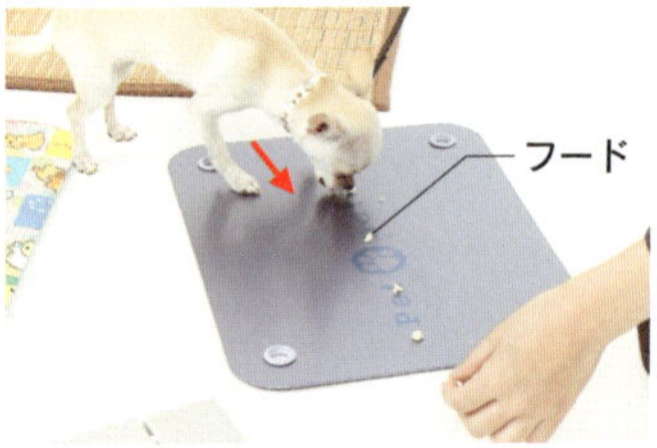

散歩デビュー
はじめは抱っこで外出！
少しずつ歩かせよう。

散歩デビューの前は、抱っこして近所を歩きます。抱っこ散歩は家にきて３～４日めからはじめましょう。チワワが抱っこ散歩になれて、ワクチン接種が終わったら、いよいよ散歩デビュー。

はじめは車の通らない場所に下ろして歩かせます。チワワに怖い体験をさせないように飼い主が注意しましょう。散歩はチワワがいろいろな体験をするための大切な時間。シャイで怖がりなコ、やんちゃなコほど、散歩が大切です。

散歩のときの首輪は？

首輪が抜けると、思わぬ事故につながります。安全で扱いやすい首輪を選びましょう。

ちょうどよい大きさの首輪を選ぼう。

ハーフチョークタイプは抜けにくいので散歩におすすめ。

玄関を出る

首輪とリードをつけ、人が玄関に立ってワンコを「オイデ」と呼びます。

少しずつ歩かせる

抱っこをしてでかけ、安全な場所で下ろして歩かせます。

怖がりそうなときは？

他の犬や自転車、バイクなど、怖がりそうなものがきたら、犬が気づく前に抱き上げて、抱きしめます（➡P 49）。おとなしくやりすごせたらほめること。

いろいろな場所を歩かせる

道路や公園など、いろいろな場所を歩かせましょう。

We Love Cutie Chihuahua! ❷

パピーパーティに参加しよう！

●パピーパーティとは？

パピーパーティやパピースクールは、子犬のための勉強の場所です。しつけの先生や獣医さんが見てくれる中で、子犬たちを遊ばせたり、楽しくゲームをしたりします。

しつけ方や飼い方について教わったり、飼い主さん同士の交流の場にもなっているので、参加してみることをぜひおすすめします。

ペットショップ、しつけ教室、動物病院などで行なわれているので、ショップやブリーダーに問い合わせて情報を得るとよいでしょう。

パピーパーティなどで子犬を遊ばせると、ケンカ遊びをしながら、犬同士のルールを覚えることができます。遊びを通じてシャイなコが自信をつけたり、やんちゃなコがやさしくなったりするのです。

子犬たちは
遊んだり、じゃれることから
犬として大切なことを学ぶ。

●子犬同士を遊ばせよう！

子犬は、母犬やきょうだい犬と過ごすことで、犬社会のルールを学んでいきます。強い相手に対する降参のしかた、かみつく力の加減など、犬にとって大切なことを覚えるのです。子犬のときしか学べないこともあるので、この時期の犬同士のふれあいはとても重要です。

しかし、早い時期に親犬から離されて人の家族の一員になった子犬は、子犬同士で遊ぶ機会がなくなってしまいます。子犬の社会性を育てるためにも、積極的に参加しましょう。

PART 3

おりこうチワワのトレーニング&マナー

社会の一員として みんなに愛される チワワに！

**チワワと楽しく暮らすには、
人間社会のルールとマナーをワンコに
教えることが大切です。
きちんとしつけて、事故やトラブルを防いで
楽しく暮らしましょう。**

しっかりしつけて
最高のパートナーになろう！

チワワのしつけ
信頼関係をしっかり築いて おりこうチワワに育てる！

「チワワは小さいから、しつけなくても大丈夫」なんて思っていませんか？　でも、それはマチガイです。チワワは体が小さいぶん、飼い主さんとの信頼関係が築けていないと、自分で身を守ろうとするために、他の犬や人にガウガウ吠えたり、ときにはかみつくワンコになってしまうことも。

小さいからこそ
しつけが重要。

小さくてかよわいチワワだからこそ、信頼関係を築いて、しっかりしつけることがなによりも大切なのです。

社会の一員として誰からも愛される犬にするために、飼い主さんをリーダーとして信頼し、きちんということをきくチワワに育てましょう。

チワワを守れる飼い主になろう

チワワと信頼関係を築くためには、「私があなたを守ってあげるよ！」とチワワに伝えることが大切です。

散歩中に他のワンコが近づいてきたり、知らない人がなでようと近寄ってきたときでも、飼い主さんに守られている安心感のあるチワワなら、逃げたり、吠えたりしないはず。

そんなおりこうチワワに育てるための上手なしつけ方を紹介しましょう。

2つのしつけをしよう

信頼関係を深める
ハンドリングのしつけ

　チワワとの暮らしでもっとも大切なのは、家族と犬との信頼関係を築くことです。家族を信頼しているチワワは、なでられたり、ほめられたりするのがうれしくて、人が大好き！　また、守られている安心感があれば、お手入れや健康診断もストレスなく受けられるようになります。
　信頼関係を深めるには、子犬の頃からハンドリングの練習をすることが大切です（➡P44～49）。すでに、さわられるのを嫌がるチワワになっていても、毎日少しずつ練習しましょう。

ギュッ

犬をコントロールする
指示語のトレーニング

　チワワの行動をコントロールするために「オスワリ」「フセ」「マッテ」など、決まった指示語に従うようにするしつけも必要です。これは、犬の安全を守るためにも、とても大切なことです。
　飼い主さんが犬をコントロールできないと、飛び出して事故にあったり、拾い食いをしてしまうなど、いろいろな危険性が高まります。そんなトラブルを防ぎ、一緒にでかけたり、楽しく遊んだりできるようになるためにも、指示語のトレーニングをしましょう。

オスワリ
スッ

大好きだから、
もっとさわって！

2つのしつけはできていますか？

「オスワリ？」
いつでもどこでも
できるワン！

チワワのしつけでは、
ハンドリングと指示語のトレーニングの両方ができることが目標です。
P64～65、P66～67のチェックを参考にして、
しつけの完成度を見直してみましょう！

飼い主さん リーダー度 チェック

飼い主さんがチワワにとって、頼れるリーダーになっているかどうかをチェックします。
12項目全部できることが目標です！

チェック 1 手をパーにして、頭の上におく。

チェック 2 手をパーにして、背中の上におく。

チェック 3 手をグーにして、頭の上におく。

チェック 4 手をグーにして、背中の上におく。

チェック 5 首のつけねを軽くつまんでみる。

チェック 6 前足を軽くもつ。

チェック 7 後ろ足も軽くもつ。

チェック 8 前足、後ろ足の足先、肉球をさわる。

チェック 9 犬の腰を両手でもち、軽く後ろに引く。

チェック 10 マズルを下からもつ。

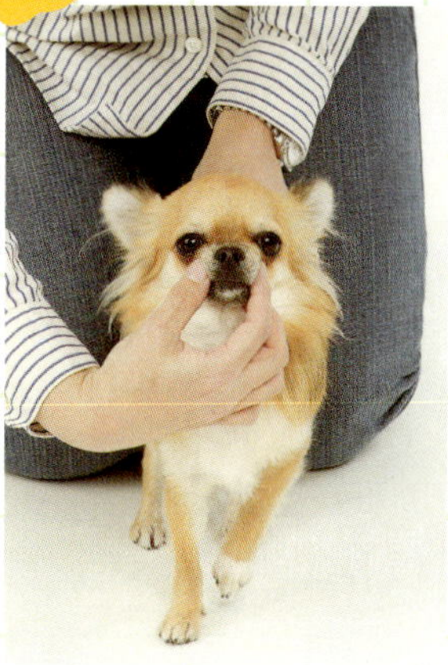

そのまま左右に動かす。

上下にも動かす。

手を放してもそのままでいられればOK。

チェック 11 横向きに寝かせる。

手を放しても起きなければOK。

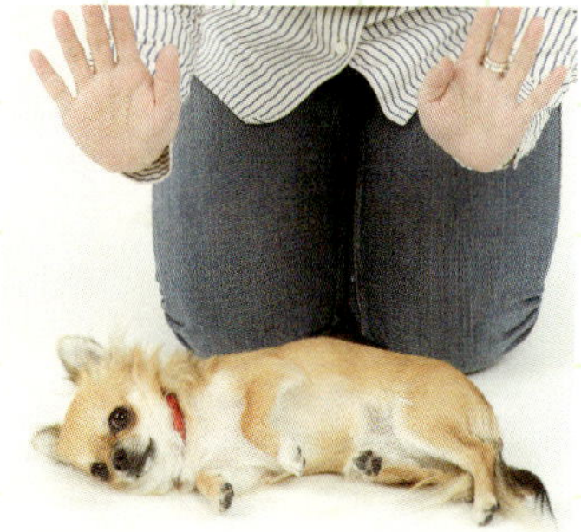

チェック 12 足の上に仰向けにして寝かせる。

リーダ度チェックのPoint

頭や背中に手を乗せる、腰をもつマウンティング、足をくわえるなどは、上位の犬が下位の犬に対してする行為。急所である肉球をさわらせる、仰向けになっておなかを見せるなども、飼い主さんをリーダーとして信頼していれば、すべて受け入れます。

できない項目があるときは？

まず、飼育環境を見直すこと。(➡P34)。直接見ていられないときは、サークルで過ごさせます。そして、P 44～49を参考にフードを食べさせながらハンドリングを練習しましょう。指示語のトレーニング(➡P68～81)も行ないます。

✕これはダメ！

飼い主さん まちがった行動 チェック

犬に対する行動や態度が、犬に誤解をさせてしまうことがあります。
下に紹介したのは、犬に誤解させてしまう行動です。
犬に飼い主がリーダーであることを理解させるために、
下のような行動はやめましょう。

マチガイ 1

犬が先に出ていく

部屋を出る、玄関を出るなど、いつも人が犬より先に出ること。安全確認はリーダーがします。散歩中、指示なしに先を歩かせてはダメ。

マチガイ 2

飛びついてきたら喜ぶ

犬が飛びついてきたら、つい「イイコね～」なんてやっていませんか？　飛びつきは相手を牽制《けんせい》する行動です。犬が落ち着くまで無視しましょう。

マチガイ 3

ゴハンを人より先にあげている

チワワにフードを出してから、家族が食事をするという順番になっていませんか？　犬社会では上位のものが先に食べるというルールがあります。

マチガイ 4

ゴハンを出しっぱなしにしている

フードを入れた食器を、出したままにしていませんか？　出されたときに食べないとさげられてしまうと、教えるようにしましょう。

マチガイ 5

食事中におすそわけをしている

人の食べものを「ちょっとだけ」とあげていませんか？　しつけと健康の両面からNG。あげたいなら人が食べたあと、少しだけフードをあげましょう。

マチガイ 6

高いところに座らせている

ソファの上などに犬を座らせていませんか？　高くて見晴らしのいい場所は、リーダーである家族の場所。勝手に高い場所に上がらせるのはダメ。

マチガイ 7

吠えて催促したら従う

ゴハンや散歩など、吠えて要求しているときに応えていませんか？　前足でカリカリしたり、じっと見つめられても、犬からの要求には応えないこと。

マチガイ 8

いつも犬を見ている

いつも犬に注目していると、注目されている犬のほうがリーダーだと誤解してしまいます。犬が家族に注目するようになるのが理想です。

まちがった行動チェックのPoint

どの項目も、飼い主さんがついやってしまいがちな行動です。これらはどれも犬に「自分がリーダーかな？自分が家族を守らなきゃいけないのかな？」と、誤解させてしまうことばかり。家族みんなで行動を改めるだけで、しつけに絶大な効果があります。

オスワリやフセはできる？ チワワの指示語レッスン

日頃のオスワリやフセだけでなく、危ないときは「マッテ」で止まれるように指示語の練習をしましょう。

どんな状況でもかならずできるようになるのが目標！

指示語を教える オスワリやマッテがいつでもできるチワワに！

オスワリやフセは、はじめはフードを使って教えるのがおすすめ(➲P55)。家でできても、場所が変わるとできないということもあるので、環境を変えたり、いろいろな状況で練習を。

最終的には、言葉だけでどんなときもできるようにします。

言葉だけでできるように練習を！

指示語・ほめ言葉を決める

指示語を確実に覚えさせるために、いつも同じ言葉で教えましょう。家族の中でも、人によって「オスワリ」と言ったり「スワレ」と言ったりでは、犬が混乱してしまいます。ほめ言葉やできたあとの解除の言葉も決めておきましょう。

指示語の例

- 座らせる → **オスワリ、シット**
- 伏せさせる → **フセ、ダウン**
- 寝かせる → **ゴロン**
- 立たせる → **タッテ**
- 待たせる → **マッテ、ステイ**
- 呼ぶ → **オイデ、コイ、カム**
- ほめる → **エライね、イイコ、グッド**
- 解除する → **ヨシ、OK**

上手なほめ方
できたときは「すぐに」「かならず」ほめること！

指示語のトレーニングは、ワンコが喜んでやるように教えるのが理想です。

上手にできたときはかならず「エライね」などとほめましょう。いつまでもおおげさにほめたり、なで続けたりすると、犬はなぜほめられたのかわからなくなってしまいます。指示語では、できたらすぐ静かにほめる、やさしくなでるというシンプルなやり方が、犬にとってはもっとも効果的。

信頼関係があれば、飼い主にほめられることは、とてもうれしいものなのです。

できなくても叱らない！
トレーニングはすべて「成功をほめる」が基本

なかなかできなくて、「もう！」とか「どうしてできないの？」などと言葉で叱っても、チワワにはわかりません。それどころかイライラしている飼い主とトレーニングを嫌いになり、ますますいうことを聞かなくなってしまうことも。

できないときは、ハンドリングの練習（➲P44～49）を平行して行ない、信頼関係をしっかり築くこと。「飼い主にほめられるとうれしい」という気持ちをもつと、トレーニングしやすくなります。

成功させて
ほめるのがコツ。

ほめ方のコツ

できたらかならず、
すぐほめる。

大騒ぎせず、やさしく
静かにほめる。

「ヨシヨシ」は「ヨシ」という解除の言葉とまちがえやすい。「**エライね**」などのほめ言葉を使おう！

アドバイス
体罰は絶対ダメ！

たたく、ぶつ、けるなどの体罰は、絶対にやめましょう。体罰を受けたことがある犬は人が嫌いになり、自分の身を守るために人から逃げたり、かみつく犬になってしまうこともあります。

もし、チワワがあばれたり、吠えるときは、ギュッと抱きしめるのが効果的（➲P 49）。筋肉がリラックスするまで抱きしめて、力が抜けてきたらやさしくなでましょう。（さわるとかむ犬になっている場合は専門家に相談してください。）

人は怖い存在ではなく、守ってくれる存在だと教えることが、何よりも重要なしつけです。

教え方を決める

ワンコの状況によって適した教え方をセレクト

指示語をはじめてチワワに教えるとき、トレーニングをしたことがあるコに教えるときなど、ワンコの状況によって適した教え方はちがいます。

フードを手から食べられるか、飼い主さんとの信頼関係ができているかなどを確認しながら、ウチのコにいちばん合った方法で練習しましょう。

どの方法でも、最後は言葉だけでできるようにしよう。

指示語を教えるのははじめて！

P54~57
指示語のトレーニング
PART 2

指示語のトレーニングに挑戦するのがはじめてなら、おやつを使った方法で練習するのがおすすめです。

ときどきはできるんだけど…

P72~81
指示語のトレーニング
PART 3

指示語の練習をしたことがあり、ときどきできるなら、確実にできるように、いろいろな状況で練習しましょう。

おやつがあるときしかできない

P72~81
指示語のトレーニング
PART 3

食べもので姿勢を誘導せずに、きちんと姿勢がとれたら、ときどきおやつをあげるようにして練習します。

おやつを見せてもできない

P44~49
ハンドリング
P54~57
指示語のトレーニング
PART 2

緊張や不信感で食べるどころではない状態。信頼関係を築くためにハンドリングを平行して練習しましょう。

指示語のトレーニング 成功のポイント

1 指示語はわかりやすく！

オスワリ

指示語は決まった言葉を１回だけ言うこと。「オスワリしなさい！ 座って！ ほら」など、余計なことを言うと犬が混乱します。

2 4秒以内の法則

オスワリ
2秒で

ひとつの行動をさせてほめるまでを４秒以内でさせるのが効果的。「オスワリ」と言ったら２秒以内に座らせて、２秒以内にほめます。

3 かならず成功させる

できないときはできるように手助けしてほめること。できないまま終わらせると、「やらなくてもいい」と思ってしまいます。

4 解除までやる

ヨシ
ポン

かならず解除までセットでやること。「ヨシ」と解除するまで、オスワリやフセなど指示された姿勢を続けるように教えます。

5 ランダムに教える

タッテ
次はタッテだね!

いつも同じ順番で「オスワリ」の次は「フセ」と教えていると、言葉を聞かずにやるようになります。順番はランダムに練習すること。

6 楽しそうに教える

マッテ!

厳しい顔で「マッテ」と言い、動いたら「ああー！」と笑顔になるのでは逆効果。指示語は楽しく笑顔で言い、解除した後はつまらなそうにするのが成功のコツです。

指示語のトレーニング❶

オスワリ

お尻をペタンと下につけて座ることを教えます。
チワワを落ち着かせたいときなどは
オスワリをさせましょう。

1

首輪とリードをつけ、リードをひざで踏むようにして準備する。

2

「オスワリ」と声をかける。

3

できないときは、お尻を丸くなでるように押して座らせる。

これはダメ！

上から腰を真下にギュッと押すと、犬がふんばってよけいに座らなくなります。

4

オスワリの姿勢になったら、ほめる。

オスワリの完成形

「オスワリ」の言葉だけで、いつでも、どこでも、すぐに座れるのが目標です。解除するまでオスワリのままでいるように練習しましょう。

5

ポンとたたき「ヨシ」と言って解除する。

レベルアップ

左右や正面、離れた位置でもオスワリできるように練習しよう。

指示語のトレーニング ❷ フセ

前足を出して低い体勢になり、胸をつけます。リラックスして休む姿勢なので、信頼関係があることがフセを成功させるポイントです。

トレーニングのコツ

フセはゴロン（➲P75）と同様に休む姿勢。ワンコが飼い主さんを信頼していることが大切です。上手にできないときは、ハンドリング（➲P44～49）を練習して信頼関係をつくりましょう。

1
「フセ」と声をかける。

できないときは？

フセの姿勢ができないときは、前足をもって前に出してフセさせてもOK。

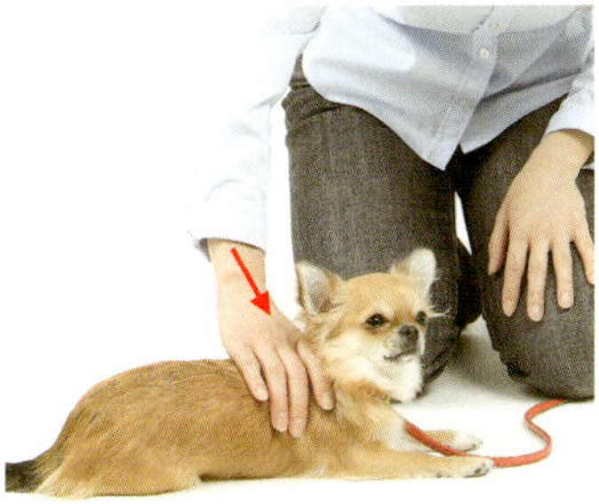

2 フセられないときは、肩を前のほうへ押すようにしてフセさせる。

3 フセの姿勢をしているときにほめる。

4 ポンとたたき「ヨシ」といって解除する。

フセの完成形

「フセ」の言葉だけで、どの姿勢からでもフセられるようにします。解除されるまで、フセていられればOK。

レベルアップ

左右や正面、離れた位置でもフセられるように練習を！

指示語のトレーニング ❸

タッテ

足をふく、健康チェック、診察、シャンプー&ドライなど、立った姿勢でいてほしい場面は意外に多いものです。立っていられるように練習しましょう。

1

「タッテ」と声をかける。

2

立たないときは、片手で首輪をもちながら、おなかの下に手を入れてもち上げるように立たせる。

3

タッテの姿勢ができているときにほめる。

4

ポンとたたいて、「ヨシ」と解除する。

トレーニングのコツ

決まった姿勢からだけでなく、どんな姿勢からもタッテができるように練習しましょう。

これはダメ！

立たせようとしてリードを引っぱると、オスワリをしてしまうことも。リードを引かないで、手でワンコの体をもち上げて、立つ姿勢を教えましょう。

タッテの完成形

「タッテ」の言葉で立ち上がり、そのままの姿勢でいられるようにします。

レベルアップ

左右や正面、離れた位置でもできるように練習しよう。

指示語のトレーニング ❹ ゴロン

寝ころがって急所であるおなかを見せることは、「あなたを信頼しています」という友好的態度の姿勢。信頼関係ができていることが基本です。

1
フセをさせて、「ゴロン」と声をかける。

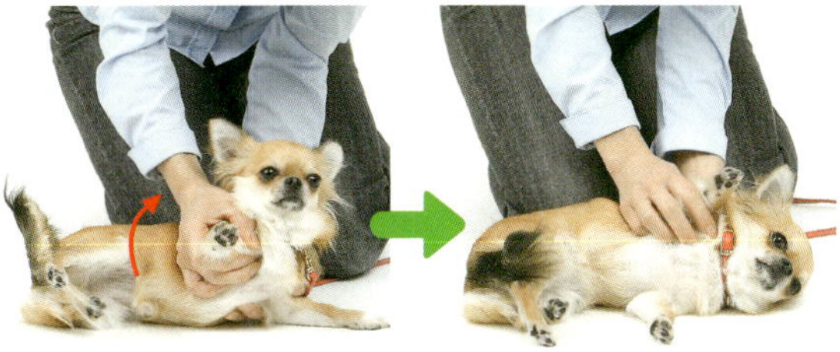

2
できないときは、肩や腕の付け根のあたりを支えながら、寝かせる。

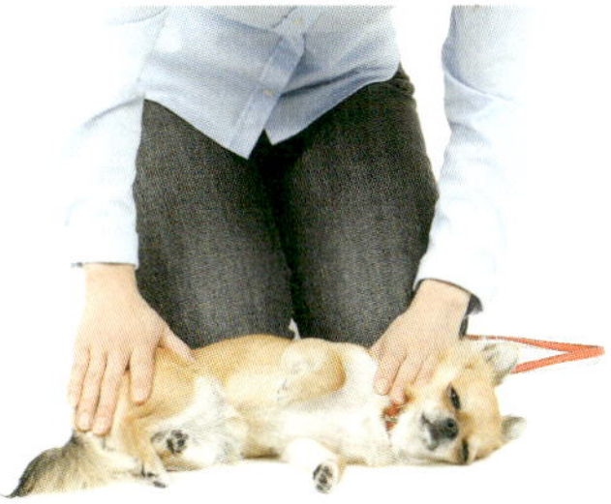

3
起き上がらないように両手でおさえる。

4
手を離しても、そのままの姿勢をキープできるように練習を。動きそうになったら体をおさえて寝た姿勢をとらせてほめる。

5
寝たままでいられたらほめる。

6
ポンとたたいて解除する。

できないときは？

あばれて逃げようとするときは、ハンドリング(➡P 44～49)をしっかり練習して信頼関係を築きながら、再度トレーニングしていきます。

ゴロンの完成形

どんな姿勢からでも「ゴロン」の言葉で、自分から寝ころがっておなかを見せられるように練習します。

指示語のトレーニング❺

オイデ

名前ではなく「オイデ」と呼んだらくるように教えます。
はじめは近くで練習し、少しずつ距離をのばしたり、
状況を変えて練習しましょう。

1

首輪とリードをつけて準備。
オモチャで遊んでいるとき
などに、「オイデ」と呼ぶ。

オイデ

2

こなかったらすぐに、
リードをたぐり寄せる。

くいっ

3

正面でつかまえて、
なでてほめる。

エライね

4

体をポンとたたいて
「ヨシ」と言ってす
ぐに解除し、また自
由に遊ばせる。

ヨシ！
ポン

トレーニングのコツ

オイデでつかまるの
が嫌にならないよう
に、つかまえてほめ
たら、すぐに解除す
ること。

オイデの完成形

「オイデ」と呼ばれ
たら、遊んでいても、
食べていても、ワ
ンコが自分から正
面にくるのが目標。

オイデ

とこ とこ

指示語のトレーニング ❻ マッテ

**フセだけでなく、オスワリやタッテの姿勢でも待てるようにしましょう。
リードをつけ、たるませて練習します。**

1

無言でフセをさせて、肩に手をおく。筋肉がリラックスしてきたらそっと手を離す。手を離しても動かなかったら、やさしく静かにほめる。動きそうになったらすぐに手をおいて、静かにおさえよう。

2

犬から遠いほうの足を開き、動かなければ静かにほめる。

3

遠いほうの足を立てる。動かなければ静かにほめる。

4

少しずつ立っていく。人が立ってもフセのまま動かなければ、立ったまま静かにほめる。

5

遠いほうの足を一歩前に出す。犬が動かなければ、戻って静かにほめる。

トレーニングのコツ

練習中、犬が待てずに動きそうになったときは、すぐにもとの姿勢、もとの位置に戻します。
２歩以上歩かせないこと！

マッテ
チラ

6

やがて犬が見上げるので、見上げたら「マッテ」と声をかける。見上げるまでは無言で行なう。

じっ

7

「マッテ」と言い、犬の正面に立つ。動かなければ戻ってほめる。

くいっ

8

「マッテ」と言ってから、リードを軽くくいっと引く。犬が動かなければほめる。

9

犬のまわりをまわってみる。動かなければ戻ってほめる。

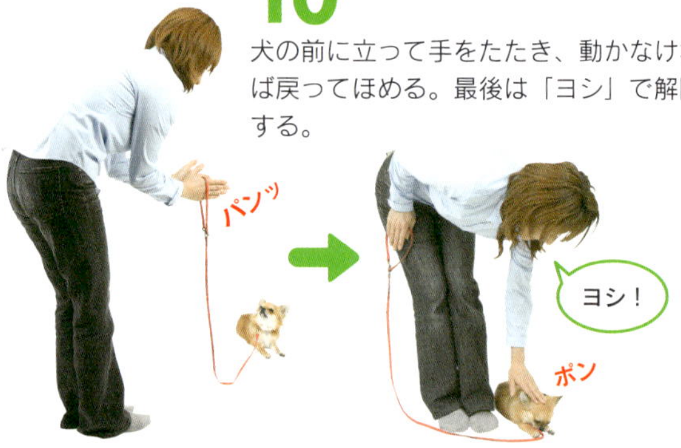
パンッ
ヨシ！
ポン

10

犬の前に立って手をたたき、動かなければ戻ってほめる。最後は「ヨシ」で解除する。

マッテの完成形

じっ

さまざまな姿勢をさせて「マッテ」と言い、犬から離れます。遠くまで離れてもおとなしく待っていられたら、戻ってほめて、解除。

レベルアップ❶

おやつを乗せる

犬の体の上におやつを乗せたまま「マッテ」をさせる。そのままマッテの⑦〜⑩までできるように練習しよう。

レベルアップ❷

呼び寄せる

「マッテ」をさせて離れる。「オイデ」で呼んで、足元まできたら正面でつかまえてほめて解除する。

マッテ
オイデ
とことこ
エライね

指示語のトレーニング ❼
アイコンタクト

名前を呼んだら、その場で飼い主さんを見るようにします。最終的には、何かあったら「どうしたらいいの？」と見上げるようにするのが目標です。

1

首輪とリードをつけて、フードをエサ容器に用意して準備。犬がフードに届かないようにリードをふんでおさえる。

2

リードを引っぱってもフードは食べられない。「どうしたらいいの？」と顔を見上げるのを待つ。

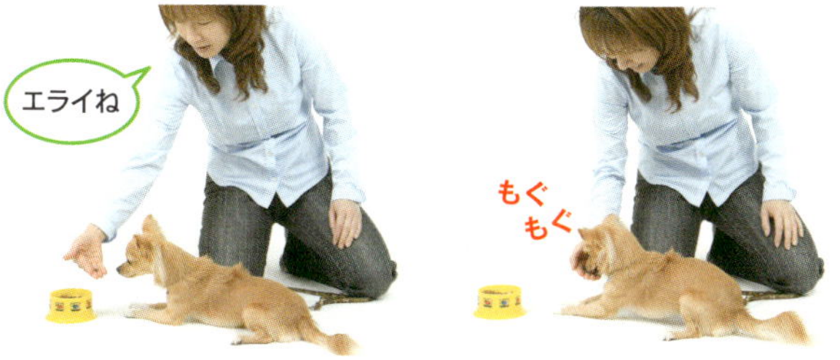

3 見上げたらすぐにほめながら、容器から１粒取って食べさせる。

4

１～３を何回か繰り返し、すぐに見るようになったら、見たときに名前を呼ぶ。

できないときは？

フードに興味がなくてできないときは、名前を呼んで、手で向かせてほめる方法で練習を。

アイコンタクトの完成形

名前を呼んだら飼い主の目を見る。見たらすぐにほめましょう。

レベルアップ ❶

オモチャで遊んでいるときに、名前を呼ぶ。

見たらすぐにほめる。

指示語のトレーニング ❽

ハウス

指示語の言葉をかけたら、自分からハウスに入るようにします。同じ方法でマット、バッグ、ベッドなど、指定した場所に行く練習をしましょう。

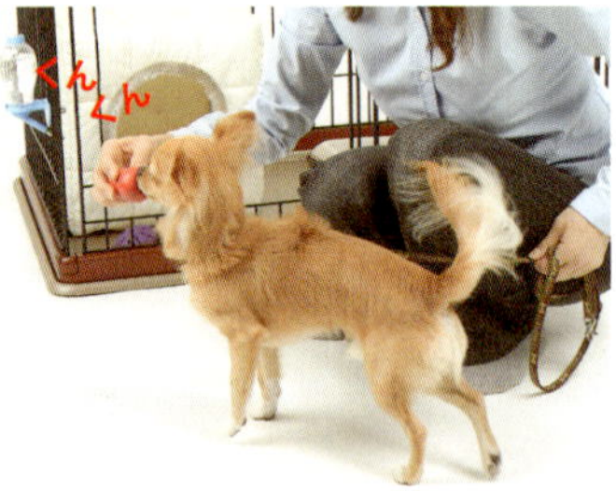

1

首輪とリードをつけておく。知育トイにフードを仕込み、ニオイをかがせる。

2

犬が見てる前でハウスに知育トイを入れる。

3

ハウスに入りたがっているところを、リードを引いて出す。入りたがっても入らせないと、ハウスに入りたい気持ちが高まる。

4

ハウスに入りそうなところで、リードを引いて出す、というのを数回繰り返すと、踏んばってハウスから出たがらなくなる。自分からハウスに入るときに「ハウス」と声をかける。

5

知育トイで遊びはじめ、ハウスから出たがらなくなったらリードをはずす。

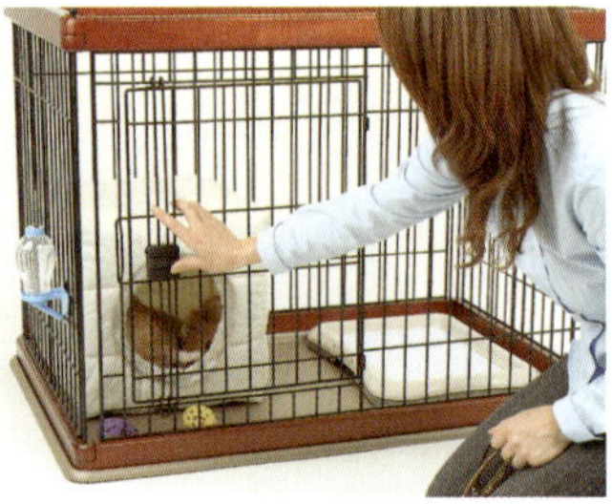

6

扉を閉める。はじめのうちは、知育トイを多めに入れよう。

トレーニングのコツ

無理やりハウスに入れてサークルの扉を閉めると、おしおき部屋になってしまいます。ハウスの中に入っていたい気持ちにする工夫が大切。

ハウスの完成形

「ハウス」の声で自分からハウスに入るようになるのが目標。

指示語のトレーニング おさらい

指示語のトレーニングができるようになったら、毎日の生活の中で、遊びやコミュニケーションとして行ないます。さらに、下のようにどんな状況でもできるようになるのが目標です。

どんなときでもできる？

足元の素材が変わる、気になるオモチャがある、大好きなおやつがある、他の犬がいるなど、集中しにくい状況でもできるようにしましょう。

どんな姿勢でもできる？

飼い主が座ったり、向かい合っているときだけでなく、隣に立ったり、飼い主が寝転がったりしていてもできるようにしましょう。

離れていてもできる？

散歩中やドッグランで遊んでいるときなど、離れた場所からでも、言葉だけでできるようにしましょう。

どんな場所でもできる？

家だけでなく、公園やドッグカフェ、街の中などどんな場所でもできるようにしましょう。

どこにいても ペットシーツで できるようにしよう

**トイレのしつけはできていますか？
普段からペットシーツにしていれば、
外出先や入院したときも安心です。**

トイレのしつけは
失敗しても絶対に叱らないこと！

そそうが多いとき うまくいく環境を整える！ 指示語でできるのがベスト

チワワがトイレを失敗するときは、なぜできないのか理由を考えましょう。部屋で放し飼いにしているとタイミングを逃して失敗させやすいので、普段はサークルで過ごさせるのが基本。排泄したごほうびにサークルから出すなど、工夫をします。

また、そそうをしても絶対に叱らないこと。しつけの基本はP 40～43を見てください。

サークル内のトイレで排泄させ、排泄中に「ワンツー」などの声をかけます。ペットシーツの上ならどこでもできるようにするのが目標。

健康診断を受けておくと安心

これまで、ちゃんとトイレでできていたのに、失敗するようになった、ということもあるでしょう。そんなときは病気が原因の場合もあります。動物病院で健康チェックを受けておきましょう。

環境を見直そう

**環境を見直して、
正しいトイレの習慣を学習させましょう。**

サークル内にトイレとハウスをセット。普段はサークル内で過ごさせよう。

サークル内のハウスで寝ているかな？　守られている安心感のない犬はマーキングする。環境と関係の見直しを！

リセット・トレーニング
散歩中のトイレはダメ！ トイレを教え直すとき

散歩中にトイレをさせている、という人はいませんか？　トイレは室内のペットシーツにさせるのが基本。散歩でトイレをさせるのは、マナーの面からみても問題です。

ペットシーツで排泄できれば旅行や入院も安心。また、毎日の健康チェックもラクですね。はじめは屋外での排泄時にペットシーツを使い、徐々に室内へと移動させて室内トイレに切りかえます。

サークル内トイレのポイント

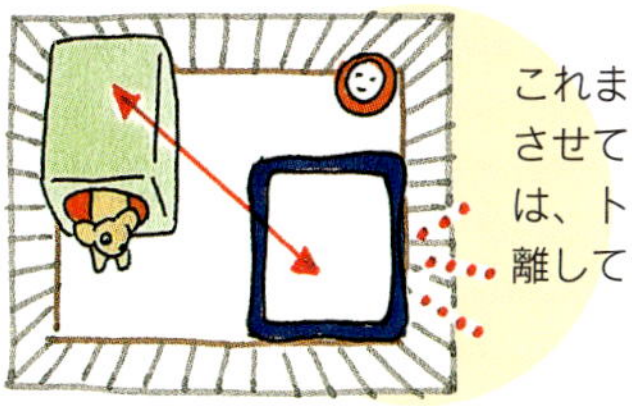

これまでサークル内でさせていなかったときは、トイレをハウスと離して置くとよい。

足をあげるときは、対処として側面にもペットシーツをセットする。

室内でトイレをするための練習

散歩中にトイレをしていたワンコを、室内のトイレでさせるようにするための練習方法です。あせらず、時間をかけて教えましょう。

1

散歩中、排泄しそうになったら、すぐペットシーツを出す。排泄中は「ワンツー」などの声をかける。

2

ペットシーツの上でできてもできなくても、排泄したら、ほめる。1・2を繰り返して練習。

3

散歩で排泄するポイントに着く前に家に戻る。敷地内でペットシーツと指示語でできるように練習。

4

ペットシーツを玄関、廊下、リビング、サークル内と移動させる。最終的にはサークル内でトイレをさせてから散歩にでかけよう。

チワワの散歩

散歩を通してチワワはさまざまな体験をする。

チワワを連れて散歩に出かけよう

**散歩はチワワと飼い主さんの楽しい気分転換。
社会性を学ぶためにも大切です。
マナーを守って楽しみましょう！**

マナーを守って安全に 散歩はチワワも大好き！トラブルに注意しよう

「チワワは小さいから散歩させなくてもＯＫ」と思っている人はいませんか？　散歩は運動だけでなく、気分転換や社会勉強、しつけにも役立ちます。散歩中はケガや事故がないように、人や犬、車や自転車とすれちがうときは、リードを短くしたり、抱きあげるなどしてください。散歩バッグをもち、マナーを守って散歩しましょう。

一緒にいろんな場所にでかけよう！

散歩のときのもち物

外で排泄してしまったときの処理に使うグッズなどを、バッグにまとめて入れておこう。

散歩のルール

散歩は遊びながらしつけを学ぶ時間でもあります。
守りたいマナーとルールを紹介します。

人が主導権をもつ

散歩に行く時間やコースは決めず、その日の都合で決めてＯＫ。犬に催促されて出かけないこと。あくまでも人が主導権をもつようにします。

リードを放さない

散歩で公園などに行っても、絶対にリードは放さないこと。走らせたいときはロングリードを使いましょう。犬が苦手な人もいることを忘れずに！

抜け毛に配慮する

ブラッシングは室内ですること。抱っこしたあと洋服についた毛も、パンパンはたかないで粘着テープを使いましょう。チワワに洋服を着せることで、抜け毛に配慮することができます。

散歩バッグをもつ

室内で排泄させていても、手ぶらで散歩しているとトイレの始末をしないと誤解されます。もし、してしまったらフンは片付け、オシッコはペットシーツで吸い取って消臭剤を使うこと。

人にツイテ歩かせる

散歩のときに上手に歩けるように「ツイテ」の練習をしましょう。まずはおうちの中で練習します。

1

犬を左側にしてリードを短くもち、引っぱりあいにならないようにたるませておく。「飼い主さんのそばにいたい」という気持ちをつくる。犬がそばにきたらフードをあげる。

Point

足に飛びついているときは、フードをあげない。

2

犬に近いほうの足を１歩前に出す。ついてきたらフードをあげる。これを繰り返す。

3

歩く距離を少しずつのばす。２～３歩歩く。

4

上手についてきたらフードをあげる。

5

そばを歩きながら見上げるようになったら、「ツイテ」と言う。

6

「ツイテ」と言って１～３歩歩き、ついたらほめて、フードをあげる。

ツイテの完成形

「ツイテ」の指示語で人の左側をついて歩けるのが目標。

同じように「ヒール」の指示語で右について歩かせる練習もしよう。

できないときは？

犬が離れたりしてしまうときは、壁を利用する。人と壁の間に犬をはさんで練習しよう。

散歩のコツ
散歩に行くときは犬を落ち着かせてから

散歩が大好きなチワワは、でかける前にはしゃいでしまうことも多いでしょう。大興奮で道路に飛び出したりすると危険です。散歩前は、ひとまず落ち着かせることが大切。

散歩に行こうとしても、吠えたり、飛びついたりして興奮していたら、でかけるのをやめましょう。「はしゃいだら行かない」を繰り返すと、はしゃいでいるうちは行けないと理解します。サークル内で落ち着いているときに、首輪とリードをつけて出かけます。

上手に歩けたら自由行動もOK！

散歩中は最初から最後までツイテ歩かせなくてもいいのです。安全な場所ならば、上手に歩けたごほうびとして、ときどきは自由にさせるのもいいでしょう。リードを長めにして走らせたり、ニオイをかがせたりしてもOK。ただし、拾い食いをしたり、他の犬に向かっていったりはしないようしつけておくこと。安全のためにもワンコの行動を見ているようにします。

自由に歩かせるときは安全を確認してから。

散歩の手順

排泄させる
家でトイレをすませてから散歩にでかけましょう。

↓

リードをつける
落ち着いているときにリードをつけます。興奮するときは、しばらく放っておきます。

↓

家を出る
人がドアを出て安全を確認してから、犬がついてくるように家をでます。

↓

ツイテ歩かせる
左右どちらでもよいので、安全な側を人につくように歩かせます。

↓

ときどき自由に！
車や自転車がこない安全なところで周囲を確認し、リードを長くして自由に歩かせてもOK。

↓

家に帰ったら体をチェック
足や体に汚れやケガ、虫などがいないか、全身をチェックします。

他のワンコと会ったら

外で出会ったよその犬に向かっていかないよう注意！

散歩にでかけるとたくさんの犬と出会います。しかし、知らない犬と無理にあいさつをさせたり、遊ばせたりする必要はありません。

それよりも、知らない犬とトラブルにならないように注意することが大切。子犬の頃から犬同士で遊んだ経験がないと、強気で近づいたり、他の犬に向かって吠えたりすることもあります。

飼い主さんがコントロールして、トラブルを防ぐようにしましょう。

顔と顔をつき合わせてはダメ！

犬同士のルールでは、顔を正面から合わせると対決モードになってしまいます。ですから「お友だちよ！」などと突然、よその犬と顔を合わせるのはダメ。臆病なコは怖くて逃げようとしたり、強気なコは向かっていきケンカになることも。

吠えるときなどは、飼い主が犬を抱きしめて犬同士の顔を合わせないようにしましょう。

そのまますれちがう

他の犬を気にせずに行けるときは、そのまま歩いてすれちがいます。

向かっていきそうなとき

オスワリさせる

前からくる犬を気にしているときは、その場で止まってオスワリをさせます。犬が通り過ぎるまでオスワリしていられたらほめましょう。

抱っこする

吠えたり、向かっていきそうなときは、犬を抱っこします。視線を合わせないように顔をそらしましょう。

ワンコのあいさつ

はじめて会った犬とは、むやみにあいさつをさせないこと。しつけ教室や公園、ドッグランに行ったときなど、犬にあいさつさせる必要があるときは、飼い主さんが手助けしてあげましょう。

ワンコ同士のあいさつは、お互いお尻のニオイをかいで行ないます。ワンコが自らあいさつができるようになれば、いきなりかむなどのトラブルを防ぐことができます。ここでは年上のワンコが先にニオイをかぐルールにしています。

お友だちよ!

いきなり顔をつき合わせるのはケンカのもと。あいさつをさせる前に、「あいさつしても大丈夫ですか?」と聞きましょう。

犬同士のあいさつのさせ方

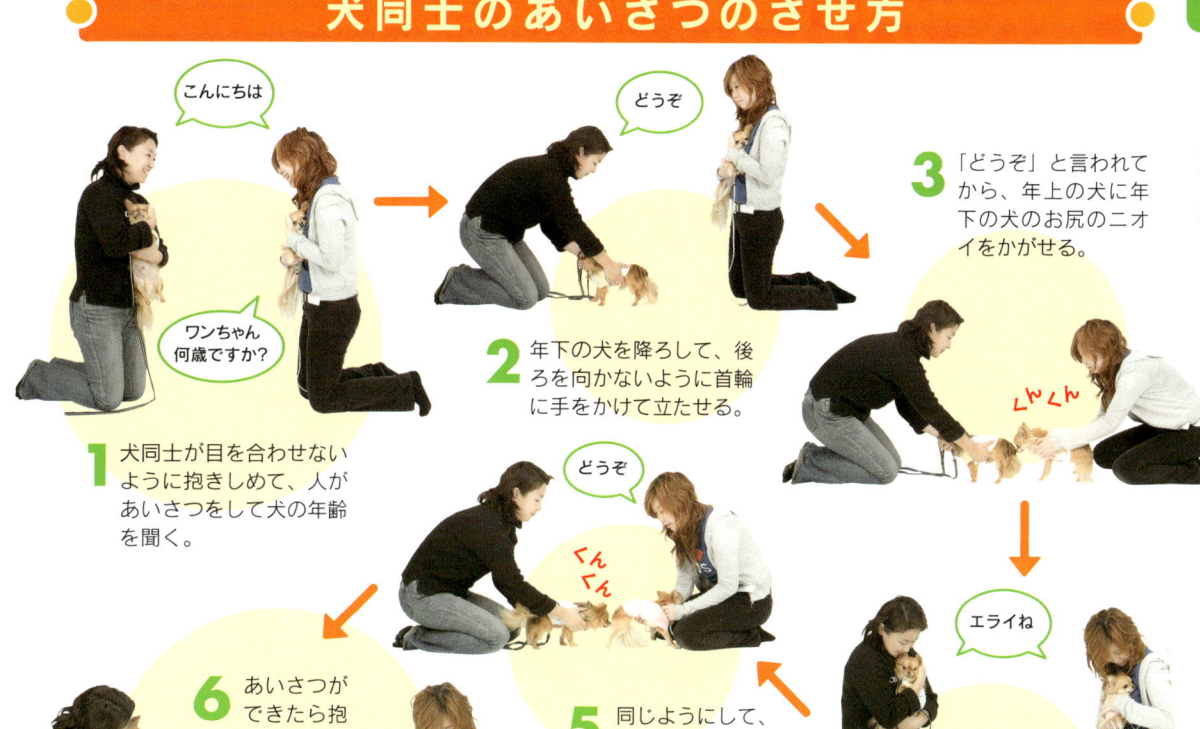

こんにちは
ワンちゃん何歳ですか?

1 犬同士が目を合わせないように抱きしめて、人があいさつをして犬の年齢を聞く。

どうぞ

2 年下の犬を降ろして、後ろを向かないように首輪に手をかけて立たせる。

3 「どうぞ」と言われてから、年上の犬に年下の犬のお尻のニオイをかがせる。

くんくん

エライね

4 お互い犬をもう一度抱いてほめる。

どうぞ
くんくん

5 同じようにして、年上の犬のお尻のニオイを年下の犬にかがせる。

エライね

6 あいさつができたら抱いてほめる。

We Love Cutie Chihuahua! ③

ワンコの気持ちを知ろう！
チワワのボディランゲージ

●気持ちがわかる飼い主になろう

ワンコは声や表情、体の動きで気持ちを表現しています。チワワの気持ちがわかる飼い主になるために、ワンコのボディランゲージを知っておきましょう。

カーミングシグナルとは

犬は群れを形成する動物で、お互いのコミュニケーションツールとして、ボディランゲージを使っています。群れでは生きのびていくために争いを避けるもの。自分を落ち着かせ、相手を落ち着かせるために、あくびをしたり、そっぽを向くことがあります。これらの行動をカーミングシグナルと呼びます。

シッポをふる

うれしいときや興奮しているとき、不安なときにふる。怒っているときにもふる。

あおむけになる

急所であるおなかを出し、相手に服従や友好的であることを伝えるしぐさ。甘えたり、媚びているときにもとる。

耳を後ろに引く

緊張したり、おびえているとき、うれしいとき、聞き耳を立てているときにも後ろに引く。

あくびをする

自分が落ち着こうとするとき、相手を落ち着かせたいとき、単に眠いとき。

シッポを巻き込む

シッポを足の間に巻き込んでいるのは怖がっているとき。耳も同時に後ろに引く。

前足を折る

前足を折るのは、緊張していたり、不安なとき。かくようなしぐさをすることもある。

鼻をなめる

不安や緊張を感じたときに、口のまわりや鼻をなめて自分を落ち着かせようとする。

PART 4

元気なチワワのおいしいゴハン

健康なワンコに育てるためのチワワのゴハン

チワワには、犬に必要な栄養をバランスよくあげること。
年齢や体質に合わせて
最適のゴハンを
選びましょう。

チワワの
年齢に合わせて
フードを選ぼう。

犬に必要な栄養
ワンコにとって理想の栄養バランスとは？

毎日の食事は、チワワを健康に育てるための大切なポイントです。栄養をバランスよく摂取できるように、飼い主さんが気をつけてあげましょう。

犬は雑食性ですが、必要な栄養素のバランスは人とはちがいます。たとえば、犬に必要なタンパク質は人の２倍、カルシウムは人の14倍といわれています。人の食事は犬にとっては塩分、脂肪分が多すぎ、肥満や病気の原因になるのであげないこと。犬に必要な栄養をバランスよく入れたドッグフードを中心にするとよいでしょう。

アドバイス

飲み水はどうする？

犬は呼吸でも水分を放出しているため、まめに水分補給が必要です。いつでも飲めるように、サークル内には新鮮な飲み水を置きましょう。

飲み水用ボトルならこぼす心配がなく衛生的。

運動や食事の後などたくさん飲みたいときは皿タイプがおすすめ。

年齢別・エサのポイント
犬の年齢に合わせてフードを切りかえよう

子犬の頃と成犬、シニア犬とでは、とるべき栄養にもちがいがあります。子犬は1年でほぼ成犬と同じくらいまで成長するので、成犬よりも高カロリーのフードが必要なのです。年齢に合わせてフードを選びましょう。

1日の食事の回数は、成長とともに減らしていき、成犬になったら1日2回が基本です。

子犬には
子犬用フードを。

■年齢別・フードの内容とあげ方

犬の年齢	フードの内容とあげ方
生後90日まで	生後約1か月は離乳食と犬用ミルク。その後、子犬用フードをふやかしたものから、だんだん硬くしていき、子犬用フードをそのまま与える。1日4～5回。
生後90日～1歳半まで	成長期に必要な栄養価の高い、子犬用ドッグフードをあげる。1歳を過ぎたら、少しずつ成犬用ドッグフードを混ぜて切りかえの準備をする。1日2～3回。
1歳半～7、8歳まで	成犬用ドッグフードを与える。回数は1日1～2回。おやつをあげるときは、その分フードを減らすこと。
7、8歳以降	シニア犬は活動量が減って、体の機能も少しずつ衰える。低カロリー、高タンパクのシニア犬用ドッグフードに切りかえ、1日2～3回あげる。

こんなときどうする？ チワワがゴハンを食べないときは？

ドッグフードの量は表示量を目安にして与えます。下痢をするときは食べすぎかもしれないので、量を少し控えてみましょう。フードを食べないときは、病気の疑いもあるので早めに動物病院へ。

体調に問題がないのに食べないときは、飼い主さんとワンコの関係に問題があるケースも考えられます。犬はリーダーから食べものを分け与えられるもの。飼い主が出したエサを食べないのは、チワワが順位を気にしていたり、食べて大事な食器を下げられるのがイヤだったりといった理由があるのかもしれません。そんなときは、2つのしつけ(➲P 63)を基本に信頼関係を築き、出されたものを素直に食べられるチワワにしましょう。

また、「食べないから」と心配してちがうフードを出すと、「食べないともっとおいしいものが出てくる」と期待するようになることも。こうした好き嫌いをさせないように、食べないときはすぐに食器を下げてしまうことも大切です。

好き嫌いをするときは、
飼い主さんとチワワの関係を
見直そう。

ドッグフードやおやつを選ぶポイントは？

種類が多いドライフードのほか、缶詰や冷凍など種類もいろいろ。チワワのために健康的なゴハンをあげましょう。

ワンコの
健康を考えて
フードを選ぼう！

フードの選び方
栄養バランスのとれたドッグフードを中心に！

ドッグフードは、犬に必要な栄養素をバランスよく含んでいます。ドライフードや缶詰などいろいろ種類がありますが、主食には「総合栄養食」と表示されたものを選ぶこと。それ以外のものは副食として与えましょう。

メインに与えるフードには、ドライフードが種類も多く、与えやすいのでおすすめです。

また、肉や野菜など食材を工夫して、手づくり食をあげてもOK。手づくりゴハンを与える場合は、ドッグフードと併用してもよいでしょう。

チワワによいフードは？

市販のフードを選ぶときは、子犬用、成犬用、シニア用などから年齢に合わせたものを与えます。また、チワワは小型犬で口が小さいので、チワワ用、小型犬用など食べやすい小粒のドライフードがおすすめです。

いろいろなフードを試してみて、あなたのチワワに合ったものをチョイス。療養食などをすんなり食べられるように、普段からいろいろな種類のエサをあげておくとよいでしょう。

ドッグフードの種類

ドライフード

固形のドライフードは、もっとも一般的なドッグフード。
種類が多く、保存しやすい。
価格も手頃で、歯石予防になるものもあります。

ライフステージ別フード

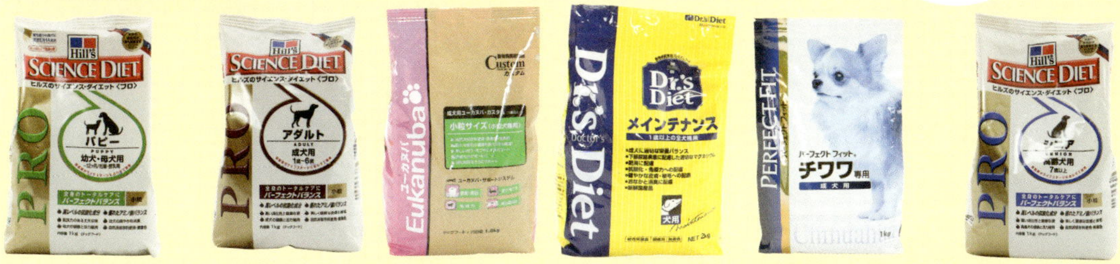

子犬用　成犬用　シニア犬用

療養食

アレルギー、腎臓病、肝臓病など、病気に対応した療養食。
動物病院で入手できるので、獣医さんと相談の上で使おう。

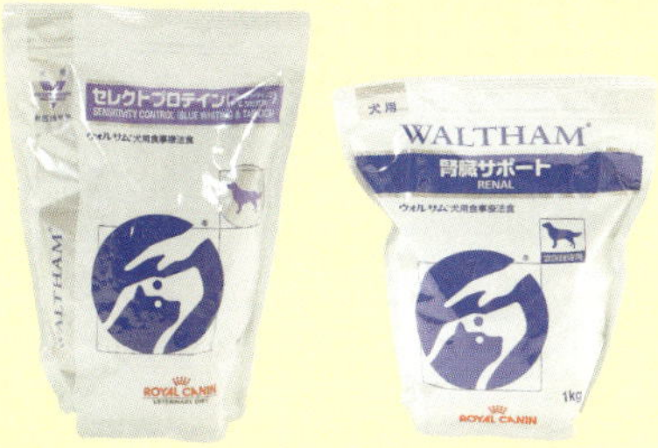

ダイエット食

ローカロリーのダイエット用フード。
体重が気になるワンコに。

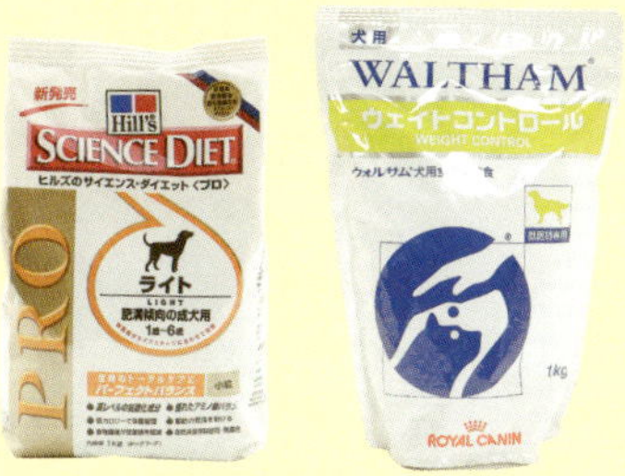

缶詰

缶詰のウエットタイプは、
ニオイや食感がよく、
嗜好性が高いフード。
食欲がないときにおすすめ。
保存性は低いので、
開封後は早めに使い切ること。

フローズンフード

生肉や内臓、野菜などを使い、冷凍したもの。
保存料を使わずに保存できる点が安心、
自然解凍して与えよう。
写真は加熱していない
自然食タイプ。

おやつの与え方

犬用のおやつを用意。あげすぎに注意しよう

ワンコにおやつをあげるのは、楽しいコミュニケーションのひとつです。ただし、あげすぎには要注意。おやつは1日の総摂取カロリーの20%以内が適量です。

おやつには、人の食べものではなく、犬用のものをあげるようにします。肉や野菜、チーズ、果物などがよいでしょう。

好物のおやつは
しつけに
活用しよう。

犬用のおやつ

フリーズドライ

レバー、野菜、果物などをフリーズドライにした犬用のおやつは、自然の素材で安心。写真はリンゴ、いんげん、イチゴ、レバー。

ジャーキー

肉をドライにしたジャーキーは、好きな犬が多いおやつ。チワワには小さくちぎって、少量をあげること。ビーフ、ササミ、馬肉などがある。

ガムなど

硬くて少しずつかじるタイプのおやつは、歯みがきの効果もある。骨や皮のガム、牛のひづめなど。

煮干し

カルシウムが豊富なので、おやつにあげてもよい。

チーズ

人のものではなく、犬用チーズを選ぶこと。

ボーロ

小麦粉と卵を使ったおやつで、野菜入りなどいろいろなタイプがある。

食べさせてはいけないもの
ワンコにあげては いけない食品を知っておく

犬が食べると中毒を起こしたり、消化不良になるなど食べさせてははいけないものがあります。まちがって与えないように、注意しましょう。

ネギ・タマネギ
ネギに含まれる成分が赤血球を破壊する。

イカ・タコ・貝などの魚介類
消化不良を起こし、下痢の原因になる。

チョコレート・カフェインが入っているもの
テオブロミンという成分が嘔吐、下痢、発熱、不整脈などを起こす。

骨付きの鶏肉や魚
細くて砕けやすい骨が、ささることがあり危険。

菓子・加工品
糖分、塩分、脂肪分のとりすぎ、肥満の原因に。

香辛料などの刺激物
下痢や消化不良の原因になる。

牛乳
下痢の原因になるので、あげるなら犬用ミルクを。

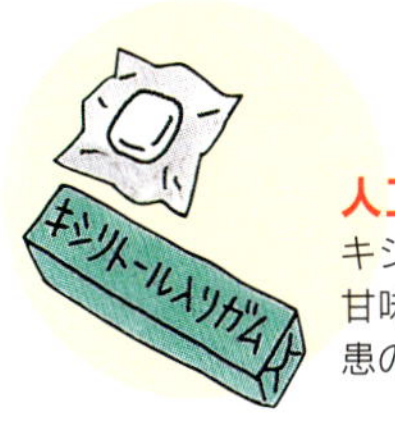

人工甘味料
キシリトールなどの人工甘味料は低血糖、肝臓疾患の原因になる。

骨をあげてもOK？

骨はワンコの喜ぶおやつのひとつ。鶏の骨のように細かく砕けたり、裂けたりするものは危険ですが、豚、牛、馬などはあげてもOK。

骨をゆでてから、チワワに合う大きさにしてあげます。豚のアバラ骨などは、肉屋さんに頼めばもらえる場合もあるのできいてみましょう。

ただし、飼い主さんとの信頼関係がしっかりしていないと、骨に執着し、骨を取ろうとすると、うなったりすることもあります。そんなときはP 101の「ダシテ」の練習をしましょう。

豚の骨はゆでてから与えよう。冷凍保存もできる。

食器選びのPoint

フードを入れる容器は、チワワのために専用のものを用意して、毎回洗って使います。小さくてもある程度の重みがあり、安定感のあるひっくり返しにくいものを選びましょう。

プラスチック製、陶製、ステンレス製などから、使いやすいものをセレクト。

フードを与えるときの3分割ルールと食事タイムのしつけ

ゴハンをあげるときは、決められたルールを守ることが大事。しつけのためにも重要です。

食器からだけでなく
手や知育トイからも
食べさせよう。

フードの与え方

ルールを守りながら1日2回が基本！

チワワのゴハンは、成犬になってからは1日2回が基本です(➲P 105)。与える量はおやつも含めて考え、あげすぎに注意すること。

1日の総量を食器、手からのごほうび、知育トイ(➲P 39)の3つに分けて与える「3分割ルール」を紹介します。この方法は、食器に執着させないためにも効果的です。

また、食事タイムはしつけの時間でもあります。リーダーである飼い主がチワワに食べ物を与えるのですから、家族の食事よりも後にする、催促されてもあげないなどのルールを守りましょう。

右ページのルールは、信頼関係を築くためのわかりやすいコツです。

1日の量を3分割して与える

フードを食器から
食べさせる。

しつけのごほうびなど、
手から食べさせる。

サークルにいるときに
知育トイから食べさせる。

これだけは守りたいゴハンのルール

健康なチワワ限定！

ワンコより家族が先

家族が食べてからチワワの食事にすること。犬が食べているときは、犬に注目しない。

要求されたときにあげない

吠えたり、足でカリカリと催促しているときはあげずに無視。静かにしているときにあげよう。

いろいろな食器、場所であげる

食器の素材や食べる環境が変わっても食べられるように、いろいろな食器や場所であげよう。

食べなくても片付ける

少ししたらフードが残っていても片付ける。いつでも食べられると思わせないこと。

食器を守らせない練習

食べ物や食器に執着すると、食事中に近づくと、うなったりすることも。
次の2ステップの練習で予防しましょう。

フライパンで練習

食べているときに取り上げてもすぐに次が出てくると思わせます。

注意！
食べているときに近づいたり、手を出すとうなる犬になってしまっているときは、無理をしないこと。

1 ふたつのフライパンにフードを入れる。犬はリードでつないでおく。

2 フライパンをもったまま差し出し「ヨシ」で食べさせる。

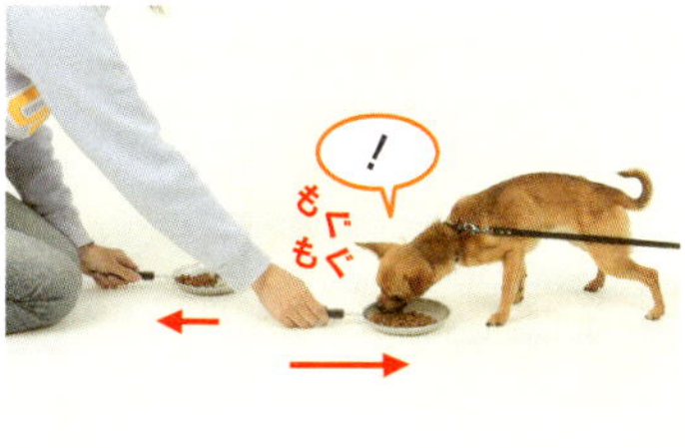

3 食べているフライパンをひっこめ、同時にもうひとつのフライパンを差し出す。

4 フライパンでできるようになったら、同じように食器でも練習しよう。

食器で練習

食べ物はリーダーである飼い主からもらうということを理解させる練習です。

1 フードを手元に用意しておき、空の食器を出す。

2 食器にフードを1粒入れ「ヨシ」で食べさせる。

3 2を繰り返して、何回も行なう。

太っちょチワワがじわじわ増殖中!? 太りすぎに注意！

小さなチワワは体重が増えすぎると足腰に負担がかかるので要注意。太ってしまったらダイエットが必要です。

体重はどうかな？
日頃のチェックを
忘れずに。

肥満度チェック

太っているかどうか見て、さわって確認を！

ワンコの太りすぎは、食べものを与えすぎている飼い主の責任です。肥満は骨や関節に負担をかけ、関節炎、膝蓋骨《しつがいこつ》脱臼、椎間板《ついかんばん》ヘルニアなどにつながることも。また、糖尿病などの病気の原因になったり、皮脂腺の分泌量が増えて皮膚病にかかりやすくなったりすることもあります。

チワワの健康のために、食べものや運動量を見直して太りすぎに注意しましょう。

脂肪のつきすぎに注意！

チワワは体のサイズに個体差があり、体重だけでは肥満度がチェックしにくい犬種です。

ワンコの体を上から見てみましょう。ウエストがくびれているのが理想です。また、犬のわき腹をさわってみて、少し押しただけで肋骨《ろっこつ》が感じられれば大丈夫。おさえてもなかなか骨がわからないのは、脂肪のつきすぎです。首や肩の皮膚がたるんでいたり、首、腰からお尻に肉がむっちりとついているのも要注意。

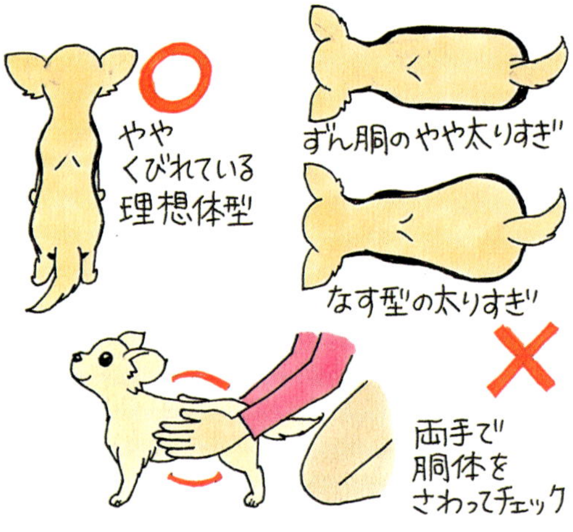

ダイエットに挑戦！
フードの内容＆量を見直し 積極的に運動もさせよう！

体重が1～2kgしかないチワワにとっては、300g程度のわずかな体重差でも、大きな変化です。太りすぎになる前に気づいて、ゴハンの量などを注意してあげるようにしましょう。

すでに太ってしまったチワワをダイエットさせるには、食餌療法が効果的です。いままで与えていた量、内容を見直して控えるようにします。

散歩や遊ぶ時間を増やすのも効果的。

太めのコも
かわいいけれど、
がんばってダイエット
させよう！

ダイエット作戦のポイント

それぞれのチワワに合ったダイエットを選びましょう。運動も重要です。

カロリーをおさえる ❶

ダイエット用のローカロリーのフードに切りかえる。

カロリーをおさえる ❷

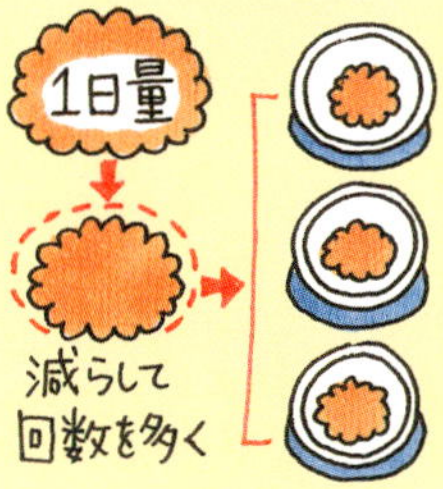

フードの全体量を少しだけ減らし、回数を1日3～4回に増やす。回数で満足感を与える。

カロリーをおさえる ❸

いつものドッグフードの量を減らし、その分野菜などローカロリーのものを加えてカサを増やす。

運動をさせる

散歩に行って積極的に歩かせよう。ボール遊びなどで一緒に遊んでカロリーを消費するのもおすすめ。

材料がわかるからヘルシーで安心！手づくりにトライ

**かわいいチワワのために、
健康的な手づくりゴハンはいかがですか？
ドッグフードと併用してもOK。**

いろいろな食材を
バランスよく
組み合わせよう。

手づくりのポイント
犬に合った素材を選んで健康ゴハンをつくろう

手づくり食のメリットは、自分で食材を選べるところ。素材がはっきりわかり、保存料も必要ないのがうれしいですね。新鮮な肉や野菜を使って、栄養満点のゴハンをつくりましょう。

週末や特別な日に手づくりしてもよいし、いつものドッグフードと併用してもOK。栄養バランスを考えて、いろいろな食材を使ってみましょう。

素材は動物性タンパク質を中心に、野菜も加えます。豚肉はかならず加熱しますが、鶏肉、牛肉、馬肉などは新鮮なものなら生でも可。野菜は細かく切り、堅いものはゆでます。味つけは不要です。

おすすめの食材

● 動物性のもの

牛肉、豚肉、鶏肉、馬肉、羊肉、レバーなど内臓、卵、魚、煮干し、チーズ、ヨーグルトなど。

● 植物性のもの

キャベツ、ニンジン、ブロッコリー、カボチャ、ピーマン、グリーンアスパラ、ダイコン、パセリ、トマト、リンゴ、海藻、豆腐、ゴマ、米など。

手づくりゴハンのレシピ

チワワの体重に合わせて量を加減してつくりましょう。体重約2kgで1日に185kcalが目安です。

レバーと野菜のスープ

いろいろな野菜で栄養満点につくろう

■材料（105kcal）

ショートパスタ	10g
レバー（鶏または豚）	30g
ブロッコリー	2房40g
パプリカ	1/4個
パルメザンチーズ	少々

■つくり方

1 レバーと野菜をひと口大に切る。
2 鍋に水を適量入れ、ショートパスタをゆでてザルにあげる。
3 水100㏄を鍋に入れて火にかけ、**1**を入れ、火が通ったら2を入れる。
4 冷ましてから器に入れる。パルメザンチーズをふりかけてできあがり。

ミートボールの野菜ぞえ

おからも入れて高たんぱくのごちそうゴハン

■材料（185kcal）

牛ひき肉	40g
おから	大さじ1
にんじん	約3㎝
グリーンアスパラ	1/2本
溶き卵	少々
トマト	小1/4個
キャベツ	1/2枚

■つくり方

1 にんじん、グリーンアスパラは、粗めのみじん切りにする。
2 ボウルに牛ひき肉、おから、にんじん、グリーンアスパラ、溶き卵を入れて混ぜ、ねばりが出るまでこねる。
3 **2**を小さくボール状にまるめ、沸騰した湯でゆでて、冷ます。
4 トマトとキャベツは食べやすい大きさに切り、さっとゆでる。
5 **3**と**4**を盛り合わせてできあがり。

Point

ミートボールは多めにつくり、冷凍保存が便利。加熱したミートボールを冷まして、フリーザー袋に入れて冷凍。自然解凍して食べさせます。

We Love Cutie Chihuahua! 4

チワワも大好き！
おやつを手づくりしてみよう！

お気に入りのおやつを手づくりしてみましょう。野菜や肉を使ったレシピを紹介します。

かぼちゃのお団子

かぼちゃのかわりにサツマイモでもOK！

■材料 (135kcal)
かぼちゃ……………100g
卵黄…………………1/2個分
いりゴマ……………適量

■つくり方
1 かぼちゃは2cm厚さに切り、ラップをして5～6分電子レンジで加熱する。
2 かぼちゃが柔らかくなったらつぶして、卵黄を加えて混ぜる。
3 お団子にして、まわりにゴマをまぶす。
4 耐熱皿に乗せ、ラップをして電子レンジで約2分加熱してできあがり。冷凍保存もおすすめ。

ささみのジャーキー

ワンコが大好きなささみをジャーキーに！

■材料 (157kcal)
ささみ……2～3本(約150g)

■つくり方
1 ささみは筋をとって開き、軽くたたいてのばす。
2 食べやすい大きさに切り、160度のオーブンで約60分焼く。焼き加減を見ながらときどき裏返すとよい。
3 香ばしく焼けたらできあがり。冷凍保存もできる。

PART 5

チワワのお手入れとおしゃれテクニック

上手なお手入れで健康&きれいなチワワでいよう！

目や耳のそうじや爪切りなど、定期的にお手入れをしましょう。まず信頼関係を築いておくと、スムーズにできるようになります。

定期的なお手入れでいつも清潔なワンコに！

各部のお手入れ

まめなボディケアでかわいくきれいに保つ！

チワワの体のお手入れとして、目や耳をきれいにしたり、歯磨きや爪切りをします。散歩の後に目にゴミが入っていないか、足先や裏に異常がないか、毎日チェックをしましょう。

汚れていたら、ぬらしたタオルなどでふきます。

お手入れの練習

ハンドリングの練習でお手入れ上手になろう！

お手入れをする前に、体のどこをさわられるのも大好きになる練習が必要です。嫌がるまでさわり続けたり、おさえつけて行なうのはダメ。一瞬さわってほめることから、繰り返し練習しましょう。リラックスして笑顔で行なうのがポイント。

お手入れハンドリングで練習して、なれたら実際のお手入れをしよう。

体のお手入れ 練習とやり方

犬を叱ったり、おさえつけて行なうと、お手入れが嫌いになります。笑顔でハンドリングを練習してから、お手入れしましょう。

目のまわり

目ヤニやまわりの汚れをとります。涙やけ防止のためには、ローションを使ってふくのがおすすめ。

目のお手入れハンドリング

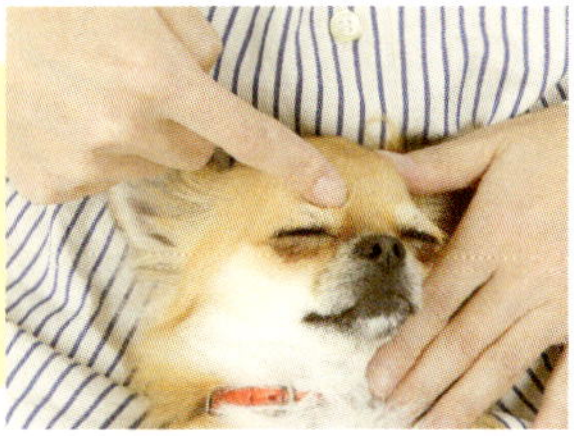

1 目のまわりを指先でやさしくマッサージ。受け入れたらほめる。

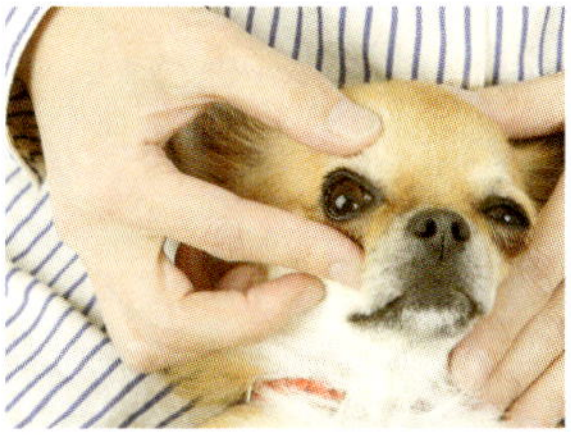

2 片手で目を上下に開き、おとなしくしていたらほめる。

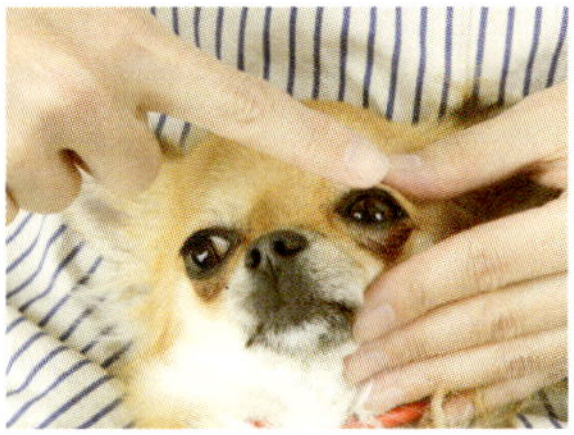

3 目を見開かせて、反対の指を近づけて、ほめる。

目のお手入れ

涙やけ用のローション。

1 コットンにローションを含ませ、目のまわりをふく。

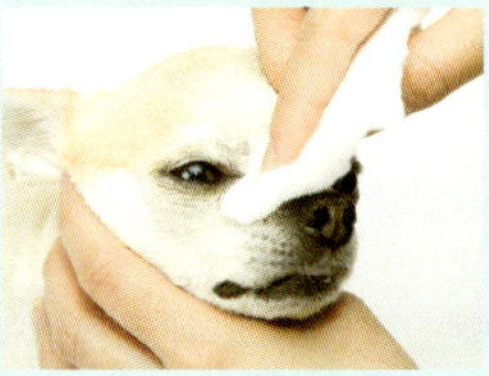

2 目ヤニがつきやすい目頭をふく。

耳そうじ

月に1～2回、耳の中をそうじしましょう。汚れたままにすると炎症の原因になります。

耳のお手入れハンドリング

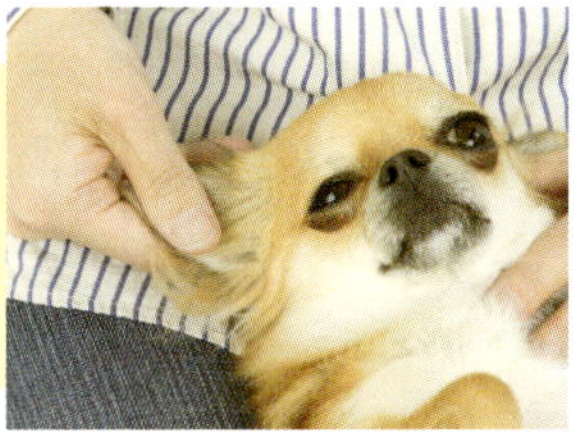

1 片耳を手でもみ、おとなしくしていたらほめる。

2 指を曲げて関節のところでマッサージし、ほめる。

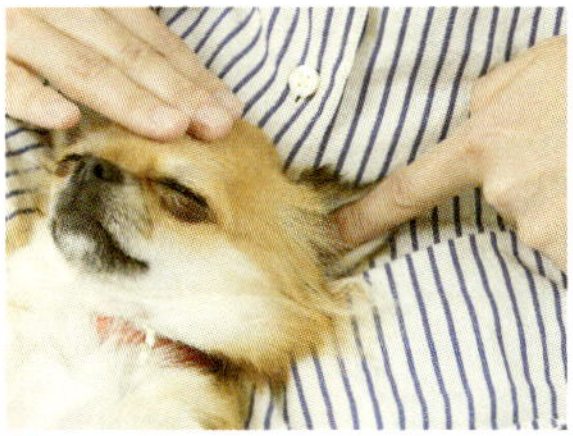

3 指先で耳の中をチョンチョンとさわり、ほめる。

耳のお手入れ

耳そうじ用ローションとコットン。

1 コットンにローションを含ませ、やさしくふく。

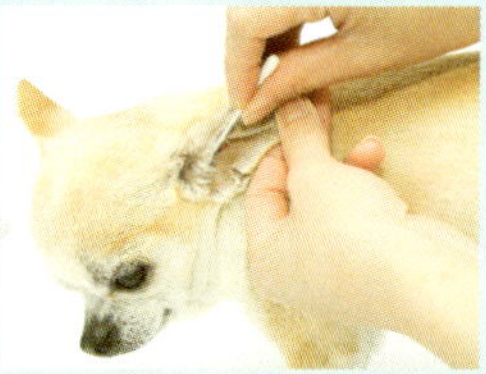

2 綿棒にローションを含ませてふくのもOK。奥までやり過ぎないように注意。

歯磨き

歯周病や歯石を防ぐために、子犬のときから歯磨きをします。はじめはハンドリングで練習し、日課にしましょう。

歯のお手入れ ハンドリング

1 唇の上から指先でマッサージする。

2 おとなしくできたら、すぐほめる。3～7も、おとなしくできたらすぐほめよう。

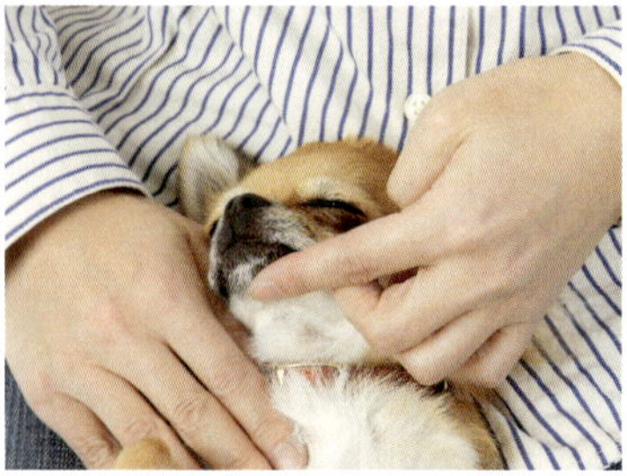

3 下あごの右側、左側をさわる。

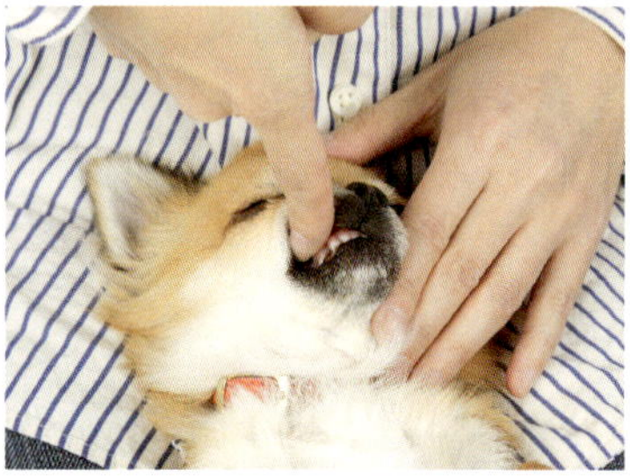

4 唇をめくって歯ぐきをマッサージする。

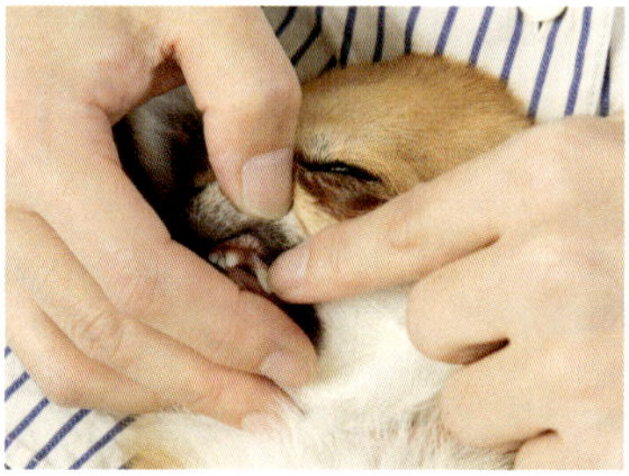

5 犬歯を爪でカリカリこすってみる。

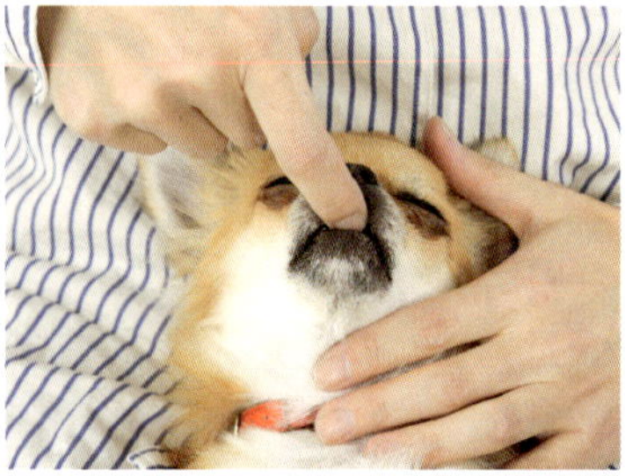

6 上あごの裏側をさわる。

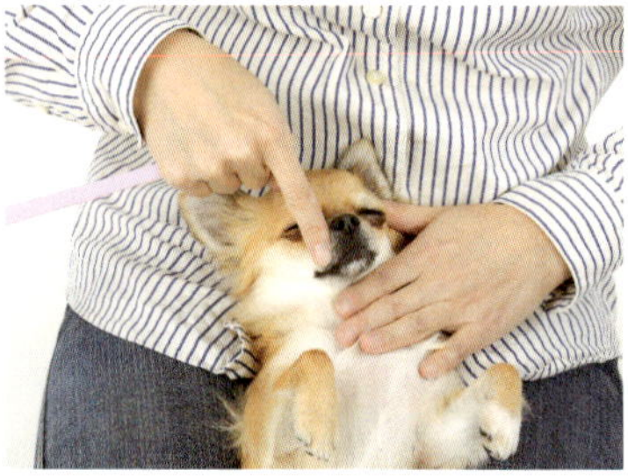

7 歯ブラシをもって見せながら1～6を行なう。

Point

歯磨きペーストをつけた歯ブラシを見せ、ワンコが興味をもったら、実際のお手入れへとステップアップ。

歯のお手入れ

1 犬用歯ブラシに歯磨きペーストをつけて磨く。

2 コットンかガーゼを指に巻き、こするように磨いてもOK。

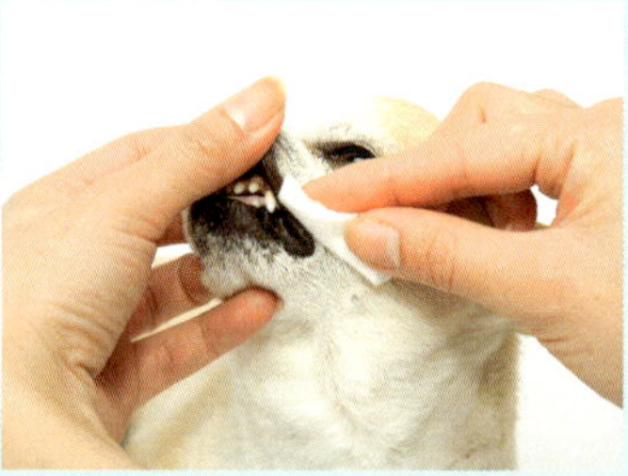

爪切り

**足先は敏感な部分なので
爪切りが苦手なコもいます。
子犬のときからハンドリングで練習しましょう。**

爪のお手入れ ハンドリング

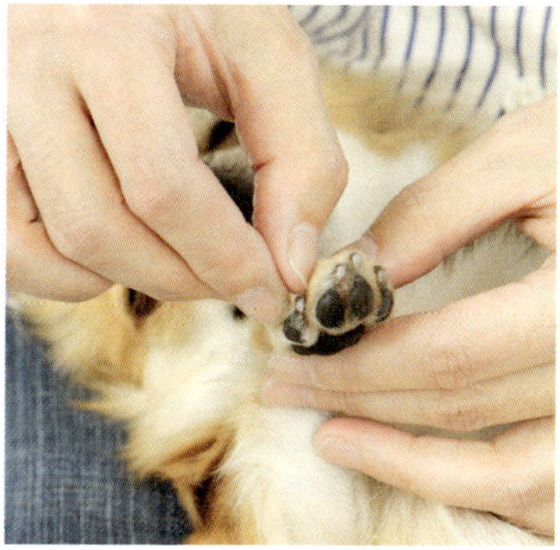

1 爪を1本ずつ軽くつまむ。

2 おとなしくしていられたら、すぐにほめる。**3**～**6**も、おとなしくできたらすぐにほめよう。

3 犬の爪に自分の爪をトントンとあてる。

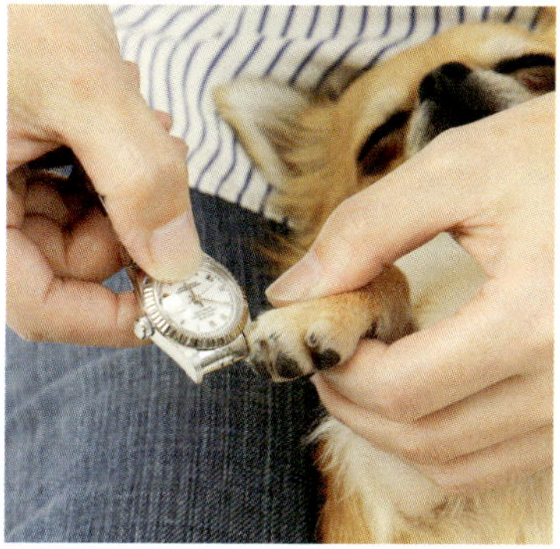

4 金属製のもの（時計、鍵など）を爪にカンカンとあてる。

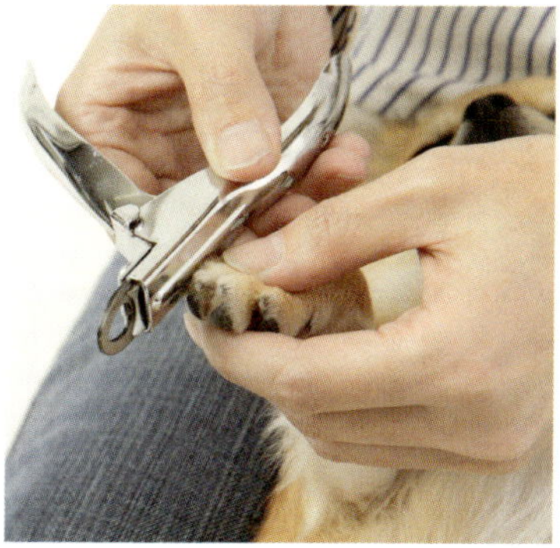

5 犬用爪切りを、爪1本ずつにあてる。

6 爪切りで爪を1本だけ切る。少しずつ切る本数を増やしていく。

爪のお手入れ

爪切りを爪に垂直にあてて、血管を切らないように先だけを切る。爪切りを使わずにやすりがけしてもOK。

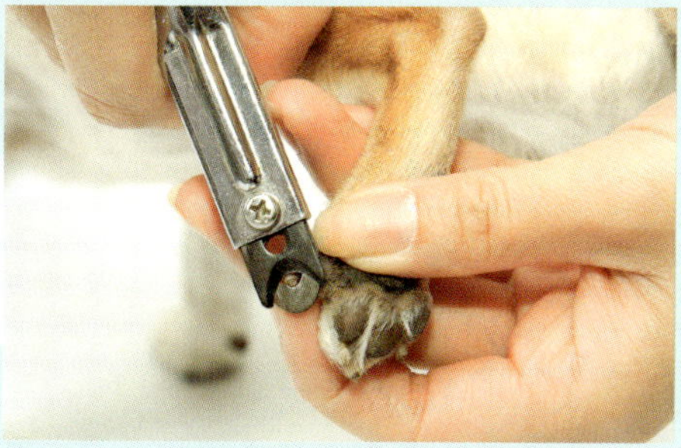

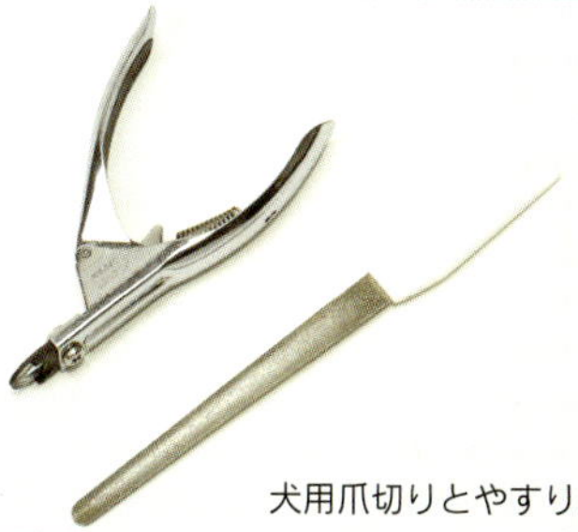

犬用爪切りとやすり。

ブラッシングでいつもきれい！キュートなチワワ

ブラッシングで被毛を整え、いつもきれいなチワワでいましょう。毛質に合わせたお手入れ法を紹介します。

ブラッシングで
毛ヅヤを美しく保とう。

毎日のブラッシング 毛並をきれいに保つブラッシングの方法

チワワは比較的、毛の量が少ない犬種なので、ブラッシングは体全体を簡単にとかすだけでOK。被毛を整えて、同時に皮膚の状態も要チェック。とかすことでゴミや抜け毛をとり、皮膚を刺激して代謝を高める働きもあります。

毛をカットするトリミングは、スムース・タイプはほとんど必要ありません。ロング・タイプはのびすぎた毛で滑らないように、足先や足裏の毛をカット。あとは飾り毛を整える程度でよいので、自宅でも簡単にお手入れできます。

換毛期のお手入れ

犬には毛の生えかわる換毛期があります。春には冬毛から夏毛に、秋には夏毛から冬毛にかわるために、大量に毛が抜けるのです。

室内で過ごすことの多いチワワは換毛期がはっきりしないこともありますが、抜け毛が多い時期はマメにブラッシングをしましょう。

ブラッシングは飼い主さんとの
コミュニケーション・タイムになる。

スムース・タイプのお手入れ

スムース・タイプは短毛が密生しているので、ラバーブラシでお手入れを。皮膚のマッサージにもなります。トリミングは不要ですが、ヒゲや眉毛をカットするとスッキリします。

● 必要なグッズ

ラバーブラシ　獣毛ブラシ　ボブバサミ

ブラッシングの方法

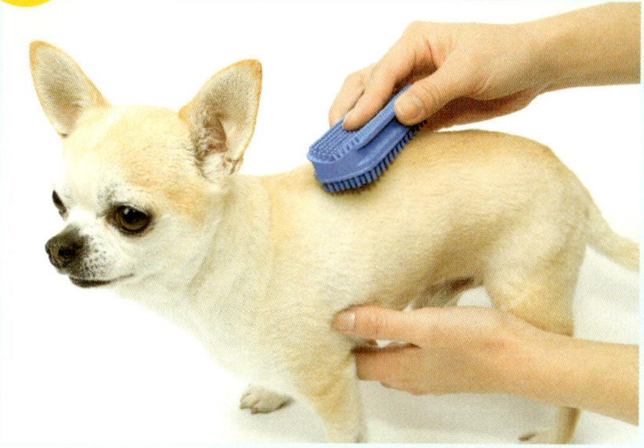

1 ラバーブラシで全体を、毛並みにそってとかす。

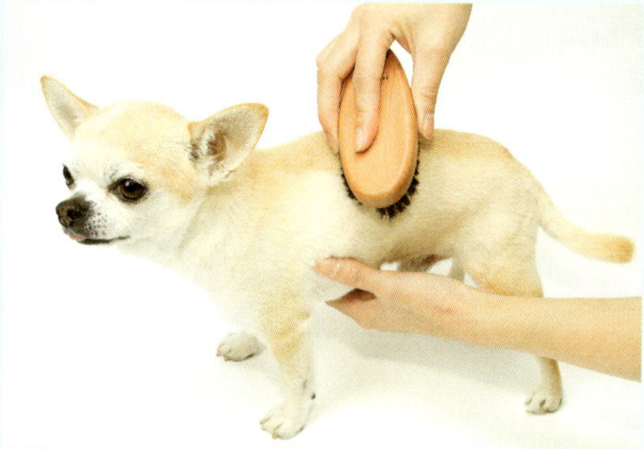

2 さらに獣毛ブラシでとかすと、毛並みにツヤが出る。

トリミングの方法

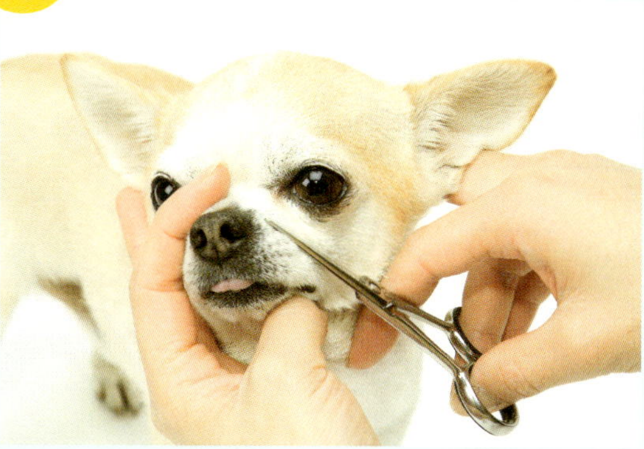

ヒゲ ヒゲを根元からカットすると顔がすっきりするのでおすすめ。

眉毛 眉毛の部分もカット。顔が動かないよう固定しハサミを肌にそわせるように切る。

ロング・タイプのお手入れ

長く柔らかい毛をもつロング・タイプは、スリッカーブラシでとかし毛玉を防ぎます。スリッカーブラシは握ると力が入りすぎるので、親指、人差し指、中指の３本で軽くもつのがコツ。トリミングでは、ヒゲと眉毛は切らなくてもOKです。

● 必要なグッズ

ブラッシングの方法

1 スリッカーブラシで全体的にとかす。

2 背中からはじめ、お尻をとかす。

3 シッポは根元から先に向かってとかす。

4 毛が長い首から胸へ向かって順にとかす。

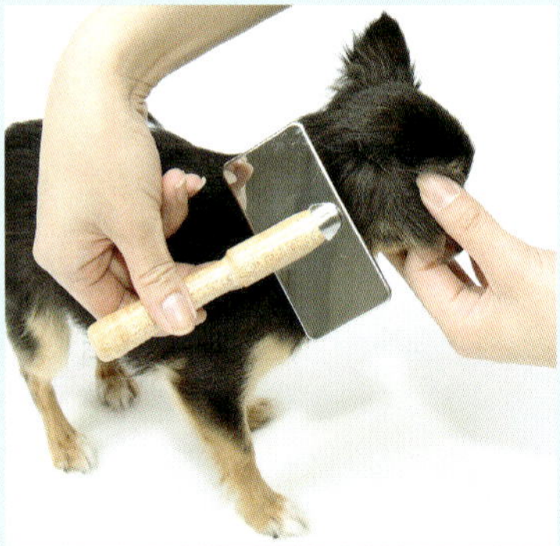

5 耳をもち、耳の根元をとかす。毛玉ができやすいのでていねいに。

6 左手で前足をもって立たせ、おなかを上から下へととかす。

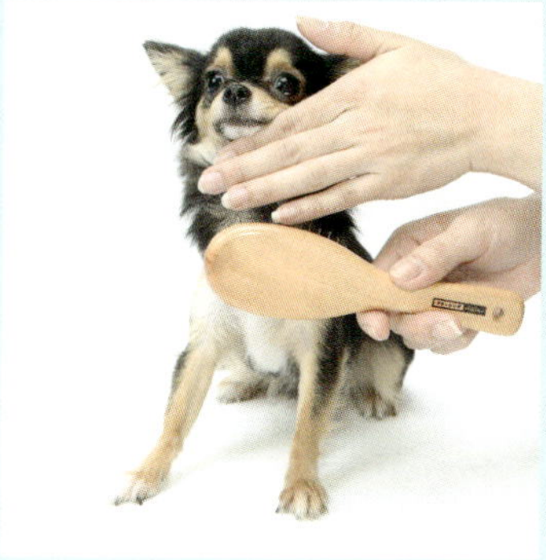

7 全身の毛をコームでとかして整える。

8 ひっかかるところがあれば、スリッカーブラシでほぐす。

9 胸などの飾り毛が多い部分をピンブラシで毛の流れと逆にとかして、フワフワにさせる。

トリミングの方法

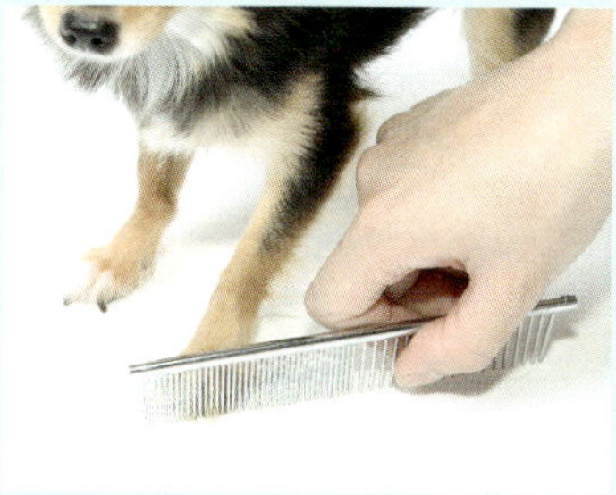

1 手の平に足裏をのせ、ボブバサミで肉球の間の毛を切る。

2 足先の毛をコームでかきだすようにとかす。

3 足先のはみだした部分を、足の形にそって切る。

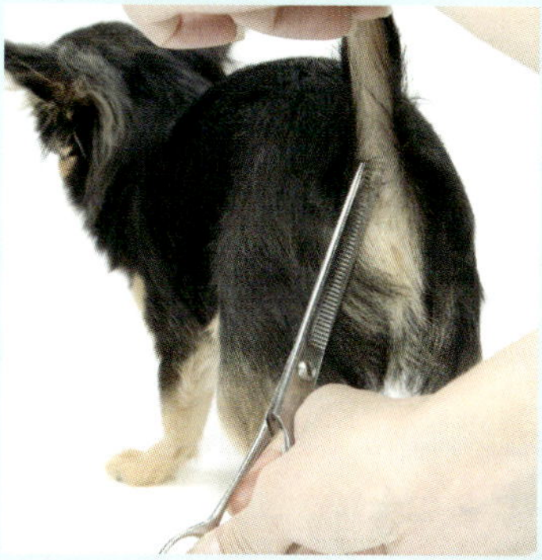

4 シッポをもち上げて、すきバサミで肛門のまわりをカット。

5 顔を動かないように固定してヒゲを切る。

6 眉毛を切る。刃先が目に入らないように注意。

定期的に洗おう！シャンプーでピカピカのチワワ

チワワは月１～２回シャンプーして、被毛と皮膚を清潔に保ちます。すすぎとドライをしっかりするのがポイント！

シャンプーは手ぎわよく！
完全に乾かそう。

シャンプーのコツ
月に１～２回、定期的にシャンプーしよう

チワワは、月に１～２回くらいシャンプーをします。頻繁に洗いすぎると、皮膚や毛ヅヤのためによくないので注意しましょう。

シャンプーは体に負担がかかるので、体調が悪いときなどは無理にしないこと。皮膚に疾患があるとき、メス犬の発情期や妊娠中、また予防接種を受けさせた後のシャンプーは控えます。

ワンコの体調がよいときに
シャンプーしよう。

なるほど チワワ

シャンプーのポイント

- シャワーは熱すぎないようにぬるま湯で、犬専用のシャンプーとリンスを使うこと。
- シャワーは弱めの水圧にし、シャワーヘッドを肌に近づけてかけること。遠くから勢いよくかけると、シャワーを怖がる原因に。
- 耳、目、鼻には、泡や水が入らないよう注意！
- すすぎとドライはしっかりと。泡が残っていたり、きちんと乾かさないと、皮膚トラブルを招くこともある。
- ２～３か月に１回は、プロのトリマーさんにシャンプーしてもらうのがおすすめ。たくさんのチワワと接しているプロがさわることで、病気の早期発見につながるケースも多い。

シャンプー・ドライの手順

シャンプーからドライまで、
チワワが風邪などひかないように
手ぎわよくやりましょう。
吸水性のよいタオルを多めに用意しておきます。

● 必要なグッズ
タオル / シャンプー・リンス / ドライヤー / ブラシやコーム類 / コットン

他にスポンジや洗面器を用意。

シャンプー&ドライ

シャンプー&リンス

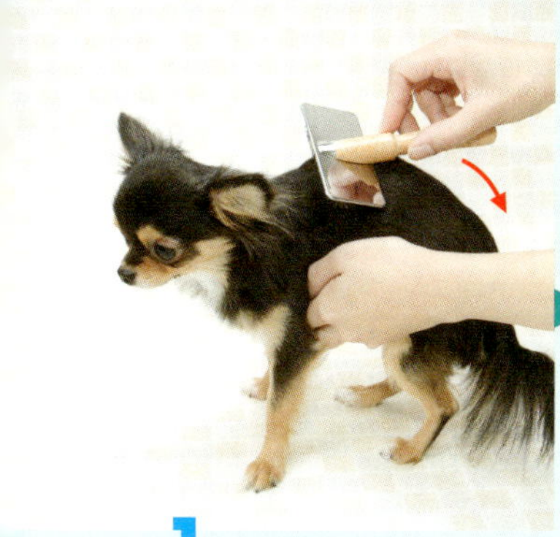

1 体全体をブラッシングする。

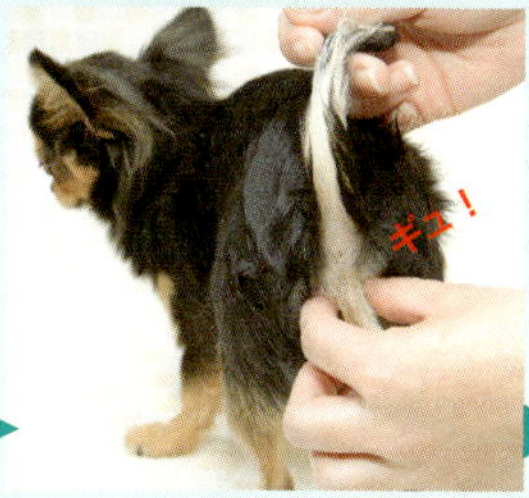

2 お尻だけぬらして、肛門腺をしぼり、臭い液を出させる。

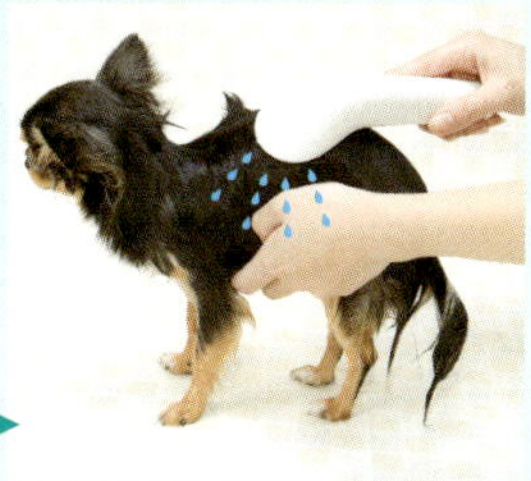

3 ぬるめのお湯で顔以外、全身をぬらす。

✗ これはダメ! シャワーヘッドを体から離してかけてはダメ!

4 水が入らないように指で耳をおさえて、スポンジで顔をぬらす。

5 シャンプーを体にかける。濃いときは薄めて使おう。

6 シャンプーを体で泡立てる。

7 背中、胸、おなかの順に泡で洗っていく。

8 お尻はシッポをもち上げ、肛門のまわりもていねいに洗う。

9 足は1本ずつ、足先まで洗う。

10 シッポも先まで洗う。

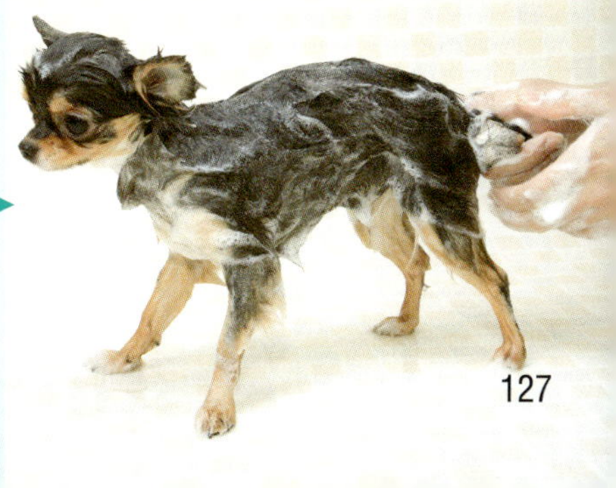

11 顔に泡をつけ、指先でていねいに洗う。

12 耳は根元から先に向かってマッサージするように洗う。

13 鼻のまわり、目頭は目に泡が入らないように注意。

14 両手で顔を包み込むようにして、ほほ、あごも洗う。

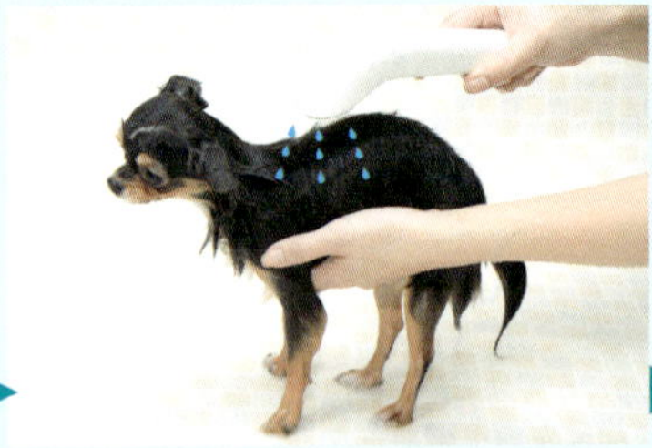

15 体の泡をシャワーでていねいに流す。

16 顔は耳をおさえて、スポンジで洗い流す。

17 リンスを洗面器に入れお湯でうすめる。

18 うすめたリンスを体にかける。顔は不要。

19 シャワーを全身にかけて、よくすすぐ。

20 泡が完全にすすげたら体の水分を軽くしぼる。

21 耳に「フッ」と息をかけると、犬がブルブルして水気をとばす。

22 タオルで包んでおおまかにふく。

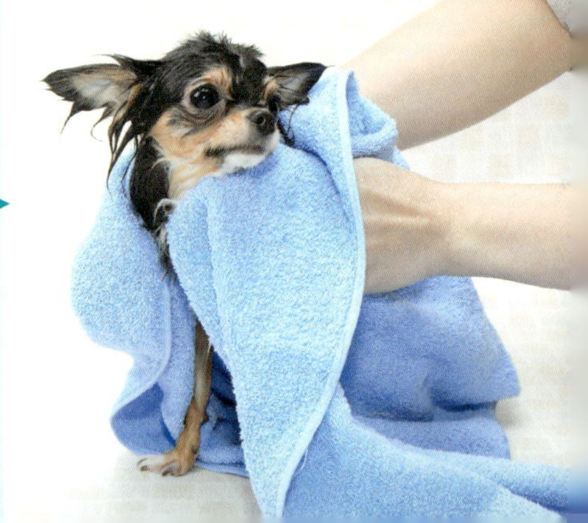

ドライ

1 ふたりでやるとよいが、ひとりならドライヤーをベルトで固定して両手がつかえるようにする。

2 スリッカーブラシで背中を毛並みと逆にとかしながら、ドライヤーを微風であてていく。

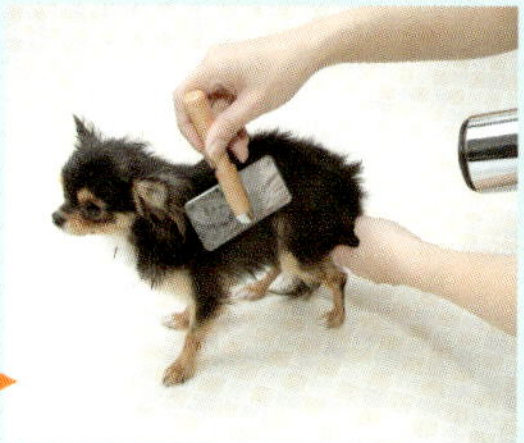

3 わきを下から上にとかしながら乾かす。

4 片手で頭をあげて、胸を下から上へ乾かす。

5 前足を持って立たせ、おなかを乾かす。

6 シッポをもち上げてお尻を乾かす。

7 シッポを乾かす。

8 足をもち上げ、足の下もていねいに。

9 頭、耳を乾かす。

10 顔はあまり風をあてず、微風にしてコットンやティッシュでふく。

11 耳の中は綿棒でそっとふいて水気をとる。

12 コームで全体をとかす。

13 完全に乾かしたら、最後にピンブラシでフワフワにする。

かわいくて実用的！とっておきのウェアでごきげんチワワ！

**ショップやネットを覗くと、
チワワに着せたいかわいいウェアがいっぱい！
洋服は毛が落ちるのを防ぎ、寒さ対策にも役立ちます。**

うちのコには
どんなスタイルが
似合うかな？

洋服の選び方
気に入ったスタイルからサイズが合うものを選ぼう

かわいい愛犬に似合う洋服を選ぶのも、楽しみのひとつです。とくにチワワのためのウェアは、とても充実しているので、さまざまなスタイルから好みのものを選ぶとよいでしょう。

チワワはSサイズですが、首まわり、胴まわりと背丈（胴の長さ）によって、個体差があります。洋服はできれば試着して、サイズが合うものを選びましょう。

服を着せるメリット

チワワに服を着せておけば、外出先で抜け毛が落ちるのを防ぐことができます。カフェなどのおでかけには、着せていくのがおすすめです。

また、チワワは、寒がりな傾向があるともいわれています。冬の散歩には、寒さ対策として洋服を着せるのがおすすめ。

洋服を着る

洋服の脱ぎ着はしつけの練習にもなります。ワンコの体をさわっても大丈夫なチワワにしておきましょう。

1 かぶって着るタイプは、まず頭の部分を通す。

2 前足を通す。

3 胴の部分をのばせばOK。

チワワのウェア・カタログ

モノトーンの
スカートとフードは
シックな印象。

かわいさ満点の
水玉スカートつき。

カジュアルスタイル

男のコ、女のコ、スムース・タイプ、ロング・タイプと、どんなチワワにも合うのがカジュアルなスタイル。シンプルなTシャツやスポーティなストライプなど、バリエーションはいろいろ！

カラフルなプリントと
首の前で結ぶリボンで
キュートに！

大きな水玉と
背中のポケットが
インパクト大！

元気いっぱいの
女のコに
ぴったり。

水色の縁どりが
かわいい
ツナギスタイル。
バックプリントが
ポイント。

チワワのウェア・カタログ

ラブリースタイル

小さくてかわいいチワワにぴったりのラブリー系は女のコにおすすめ。
スカートのついたワンピースタイプや、ヒラヒラのフリルつきなど、
キュートからゴージャスまで楽しめます。

黒のニットにピンクの縁取り。
ニットのフリルがゴージャス。

女のコには、
やっぱりピンクが
一番人気！

チェック＆レースで
クラシカルな
おでかけ着。

前開きで着せる
ボタンタイプ。

ブラック＆スカル柄に、
ピンクのレースで女のコっぽく。

個性派ウェアも
かわいい。

チワワのウェア・カタログ

クールスタイル

モノトーンやレザー、流行のスカル柄など、
クール系のウェアもいっぱい。
かっこよく着せたい男のコだけでなく、
女のコにも合う個性的なウェアも！

ブラック＆ホワイト系の
チワワには鮮やかカラーが
ぴったり。

スムースの
チワワに似合う
シンプルなスタイル。

着物のような和柄を使った
おしゃれなウェア。

チェックとレース、リボンで
フリフリ度満点。

グレンチェックの
コートは冬の
おでかけに！

かわいさアップ！リボンやキャップでおしゃれを楽しもう

チワワに簡単なアクセサリーをつけたり、キャップをかぶせたり、かわいくスタイリング。うちのコには、どんなスタイルが似合う？

女のコらしく
ピンクのリボンで
キュートに！

おしゃれスタイル
アクセサリーを使ってキュートなチワワに変身！

チワワのおしゃれは、ウェアだけではありません。首輪やリード、キャップなどにも、さまざまなデザインのものが充実。愛犬に似合うものを選んで、おしゃれを楽しみましょう。

ロング・タイプのチワワなら、リボンやエクステをつけるのもおすすめです。リボンやエクステをつけたら、毛玉ができないうちに数日以内にはずしましょう。

手づくりにトライ

リボンやエクステ、ニットキャップは手づくりしている飼い主さんも多いようです。

うちのコに似合うカラーや形を考えながら、世界にひとつだけのアイテムを手づくりするのも楽しいですね。

アクセサリーなどを作るときは、素材に注意。ビーズやワイヤーなど、壊れたときに飲み込んだりかじったりする危険があるものは避けたほうがよいでしょう。

エクステ

耳の後ろの毛にエクステをつけてドレスアップ。
つけ方は右ページのリボンと同じです。

ニットキャップ

毛糸で編んだキャップは小型犬に人気です。
手づくりするのもおすすめ。

耳が出るタイプの
ニットキャップ。

キャップとおそろいの
バナナを背負って
超キュートな
チワワに。

リボン

ロング・タイプのチワワは、
耳の毛にリボンやエクステをつけて
おしゃれを楽しんでもOK。
ワンコ用のものが市販されています。

●リボンの材料

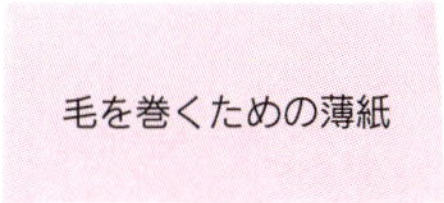

毛を巻くための薄紙

ゴム付きリボン

●リボンのつけ方

耳の上の毛を少しつまみ、
紙に包み込む。

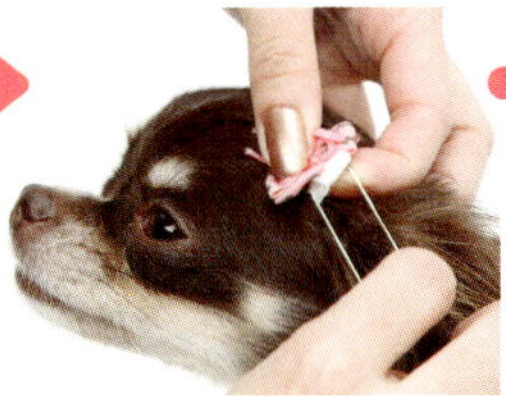

紙を小さな四角に折り畳み、
上からリボンのゴムをとめる。

できあがり！

片方だけでも両方でも
かわいい。

We Love Cutie Chihuahua! ⑤

便利なバッグでチワワとおでかけ！

チワワと一緒の外出には、キャリーバッグが便利。
使いやすく、安全で、機能的なものを選びましょう。

● メッシュ使いのバッグがおすすめ

チワワは普通のバッグにも入ってしまうほどのミニサイズですが、外出にはやはり、専用のキャリーバッグを使いましょう。普通のバッグだと、チワワが自由に顔を出したり、飛び出す危険もあるからです。

ワンコ専用のキャリーバッグなら、中に首輪をつなぐフックがついているので安心。横や上など、何か所かがメッシュになっていて、バッグを完全に閉めても通気を確保。メッシュなら中からチワワが外の様子を見ることもでき、飼い主さんも外からチワワの様子がわかるので安心です。

キャリーバッグ・カタログ

サイズと機能性、素材、好みのデザインなどを
基準に選びましょう。
軽い素材のものがおすすめです。

上部がメッシュになったタイプ。

上部から出入りするタイプで、サイドがメッシュに。横ポケットも便利。

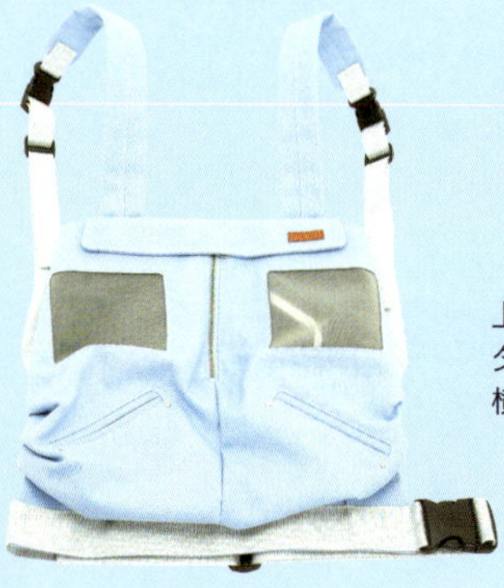

背中にしょえばリュックに、ヒモをクロスすると前抱っこOKのタイプ。自転車のカゴにも乗せられる。

布製でサイドがメッシュ。ワンコのモチーフがキュート。

両サイドが開くタイプで、ハート部分はメッシュ。ハウスにも使える。

PART 6

長生きしてね！ 健康チェックと病気

チワワの健康を気軽に相談できる獣医さんを探そう

チワワと暮らすことを決めたら、かかりつけの動物病院を探しましょう。近所に信頼できる先生がいると安心です。

チワワが健康で過ごせるように
しっかり見守ってあげよう。

不調に気づいたら 様子がおかしいときは早めに病院に行くこと

チワワを迎える前に、近所で通いやすい動物病院を探します。病院内が清潔で、口コミで評判のよい病院なら安心。犬を飼っている人やペットショップなどで情報を集めましょう。

そして、犬の具合がおかしい、いつもと様子がちがうときは早めに動物病院へ。病院ではいつから体調が悪いのか、どんな症状なのか、食べたものの量や排泄の回数などを細かく伝えましょう。

病院に行くときは？

フードの種類と食べた量、排泄の量や状態など、最近の様子をくわしくメモしていこう。

待合室にはいろいろな症状の動物がいるので、キャリーバッグに入れたまま診察を待とう。

診察には飼い主さんがつきそい、台から飛び降りないように首輪をもって補助する。

予防接種

ワクチンの予防接種を年に1回受けよう！

犬は狂犬病の予防接種を年1回受けることが義務づけられています(➡P31)。その他に、混合ワクチンの予防接種を受けましょう。通常は、子犬のときに2回から3回の予防接種を受けます。生後約8週間で1回目の混合ワクチンを打つことが多いので、家にきたときはすでに受けているはず。

子犬を迎えるときは、いつ、どのようなワクチン接種を受けたのかかならず確認すること。その上で、かかりつけの動物病院で相談し、2回目以降のワクチン計画を決めます。

そして、2年目以降は、狂犬病と混合ワクチンを年1回、追加接種しましょう。

ワクチン接種で病気を予防しよう。

■ワクチンなどで防げる感染症

狂犬病予防接種	狂犬病	意識障害、神経麻痺などが起こり死に至る人畜共通伝染病。日本での感染例は長期間ないが、2006年に海外で感染した患者が国内で死亡している。かならず予防接種を受けること。
混合ワクチン接種	ジステンパー	子犬に発生しやすく、死亡率も高い。高熱、くしゃみ、鼻水、嘔吐、下痢、神経症状などが起こる。
	犬アデノウイルス感染症(犬伝染性肝炎)	高熱、下痢、嘔吐、のどの乾きなどが起こり、突然死することもある。治療薬がなく、予防接種で感染を防ぐことが重要。1型と2型がある。
	犬パルボウイルス感染症	血便や下痢、呼吸困難、嘔吐などを起こす腸炎型、子犬が突然死する心筋型がある。
	犬パラインフルエンザウイルス	せき、くしゃみ、水っぽい鼻水、気管支炎、肺炎などを起こし、衰弱死することがある。
	レプトスピラ症	人畜共通の感染症で、黄疸、出血、嘔吐、下痢、脱水症状、尿毒症などを起こす。
	犬コロナウイルス感染症	おもな症状は下痢、嘔吐、脱水など。パルボウイルスと混合感染すると症状が悪化するケースもある。
予防薬、または予防接種	フィラリア症	心臓に寄生して血流を妨げるため、せき、失神、腹水、胸水などが起こる。蚊の媒介により感染するので、蚊が発生する時期に予防が大切。感染してからの投薬は副作用があるので血液検査が必要。

元気にしてる？日頃の健康管理をしっかりしよう！

愛犬の健康管理は飼い主さんのつとめ。チワワの体調の変化に、早めに気づけるようにしましょう。

食欲や行動など
よく観察しよう。

体調の変化をみる
いつもとちがうことがあるときは要注意！

毎日、チワワと過ごしていれば、体の不調がわかるようになるものです。ちょっとした変化にも気づけるように、普段から心がけましょう。

体の各部は、なでたり遊んだり、普段のコミュニケーションの中で、ついでにチェックすればOK。エサの食べ方や排泄の様子、歩き方なども気をつけて観察しましょう。

こんなときは 要注意！

- 元気がない。
- 熟睡していない。
- いつもより食欲がない。
- 水をたくさん飲んでいる。
- 便や尿の頻度がいつもとちがう。
- 血尿や血便が出ている。
- 下痢をしている。
- 嘔吐している。
- 体重が急に増えたり、減ったりしている。

↓

気になるときは病院へ！

健康チェックのポイント

**体の各部の状態を日頃からチェックする習慣をつけましょう。
以下のポイントに気をつけてチェックを！**

耳

汚れたり、異臭がしたりしていないか。耳アカがたまっていないか。かゆがっていないか。

目

目が濁ったり、充血や涙目になったり、目ヤニがたまっていないか。チワワは目が大きく、やや出ているため傷つきやすいので注意する。

鼻

鼻水が出たり、汚れたりしていないか。適度に湿って、ツヤツヤしているか。

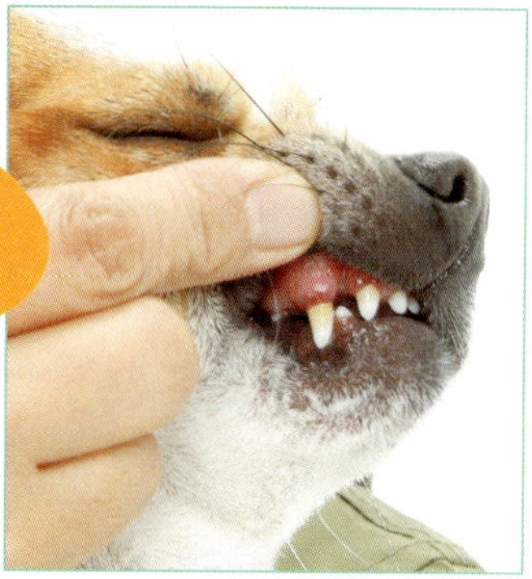

口・歯

歯肉が腫れたり、変なニオイがしないか。よだれが異常に出ていないか。

皮膚・被毛

皮膚に湿疹やかぶれがあったり、かゆそうにしていないか。被毛にツヤがあり、異常な脱毛がないか。

お尻

肛門のまわりが汚れたり、お尻を地面にこすりつけたりしていないか。

診察の練習

落ち着いていられるように診察を受ける練習をしよう！

動物病院は犬にとって緊張する場所ですが、診察台に乗ったり、白衣の獣医さんにさわられたり、顔をのぞきこまれたりすることが、大好きになるように練習します。病院で先生にしっかり診察してもらえるように、ワンコが落ち着いていられることが大切です。

そのためには、普段から家で診察の練習をするのがおすすめ。ハンドリング(➡P44～49)の応用で、診察や口をゆるめる練習をしましょう。

病院で落ち着いていられるよう日頃から家で練習しておこう。

薬を飲ませる練習

最初はふたり1組でやりましょう。口を無理やり開かれたけど、いいことがあった、と犬が思うように練習。

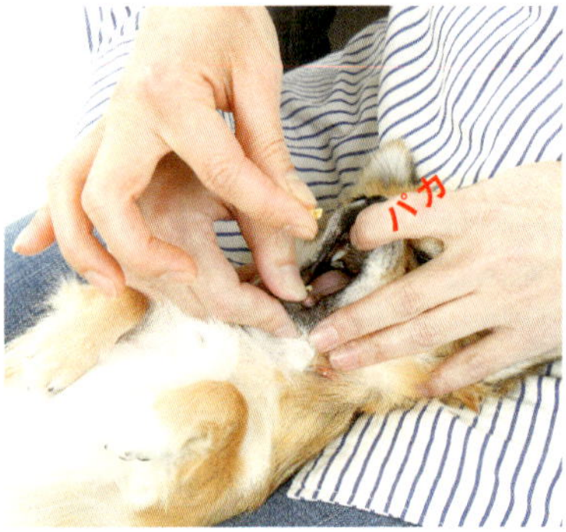

1

まず、ひとりが口を開けさせる。口を開けたと同時にもうひとりがおやつを口に入れる。

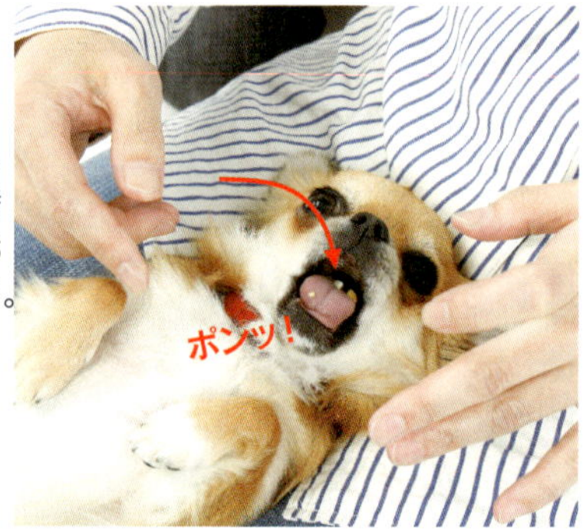

2

口を開けさせた人は、おやつが入ったらすぐに手を離す。

3

犬はおやつを食べる。なれてきたら、ひとりで片手で口を開けられるように練習しよう。

4

実際に薬を飲ませるときは薬をのどの奥に入れて飲み込ませます。チーズなどの好物に仕込んでもOK。

診察を受ける練習

ふたり１組でやりましょう。はじめは抱きしめて練習し、できるようになったら台に乗せて練習を。おとなしくできたら、すぐにほめましょう。

準備編

抱きしめたままオモチャの聴診器をあてて、ほめる。

抱きしめてオモチャの注射器をあて、すぐほめる。

診察台編

1 アイロン台や箱など、台にのせて練習。診察台から落ちないように首輪に指を入れておく。

2 オモチャの聴診器やスプーンなどを胸にあて、ほめる。

3 首輪とお尻をおさえ、注射をうつマネをして、ほめる。

4 顔をのぞきこまれるのは犬にとっては怖いこと。おとなしくできたらほめる。

5 点眼ボトルをもって目薬をさす練習。本番の目薬は目尻からさすとよい。

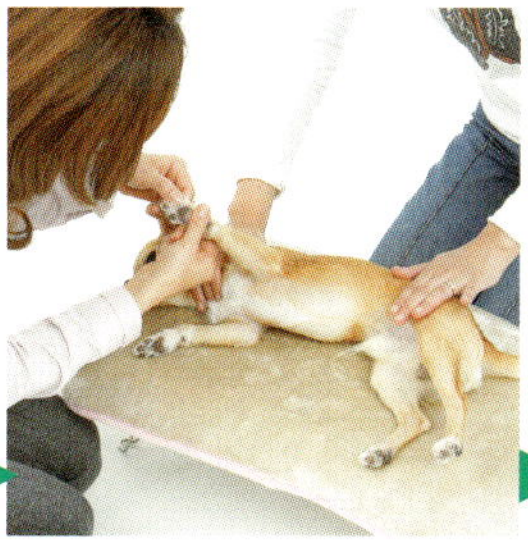

6 台の上でゴロンさせて、足先や肉球をさわって、ほめる。

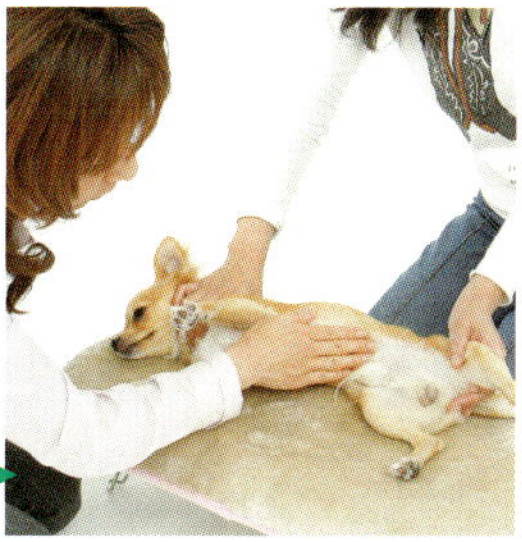

7 胸、おなか、そけい部まで、落ち着いてさわらせたら、すぐにほめよう。

チワワにおすすめ！毎日してあげたいマッサージ・ケア

マッサージは全身のツボを刺激するため健康管理におすすめです。また、ワンコの体をさわることはよいコミュニケーションになります。

マッサージの手順

チワワは小さいので、おもに指先を使い、軽くなでるようにやさしくマッサージしましょう。

●マッサージの注意

チワワは体の構造上、頭蓋骨の泉門《せんもん》と呼ばれる部分に穴があいていることがある。頭をマッサージするときは、その部分は避け、軽い力でやろう。

1 床にすわった状態でチワワと向き合う。

2 ひざにチワワをのせ、なでてリラックスさせる。

3 ゆったりとやさしく、頭をなでる。

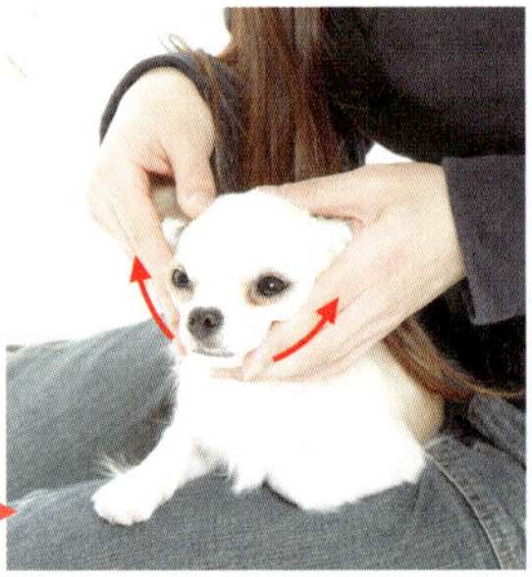

4 鼻から耳のつけねに向かって指先でなでる。

ワンコのマッサージ

5 耳の下のつけねのところを、クルクルと円を描くようにマッサージ。

6 片手であごの下を支えて耳をマッサージ。片方ずつ両方やる。

7 チワワは首や肩がこっているコが多いので、首の上をなでるようにマッサージ。

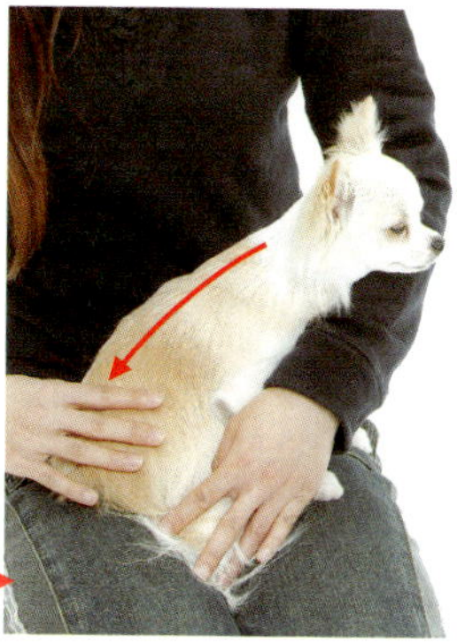

8 首からお尻まで、背中を毛並にそってゆっくりなでる。

9 シッポはつけねから、先に向かってなでる。

10 お尻は骨盤の上あたりを軽くもむ。

11 前足をつけねから足先まで、指先ではさむようにマッサージ。

12 肉球を広げるようにして足先ももむ。うしろ足も同じようにマッサージ。

13 おなかに手をあてて、おへそのあたりを右回りに円をかくようになでる。

14 前足の下、わきの部分も軽くもむ。

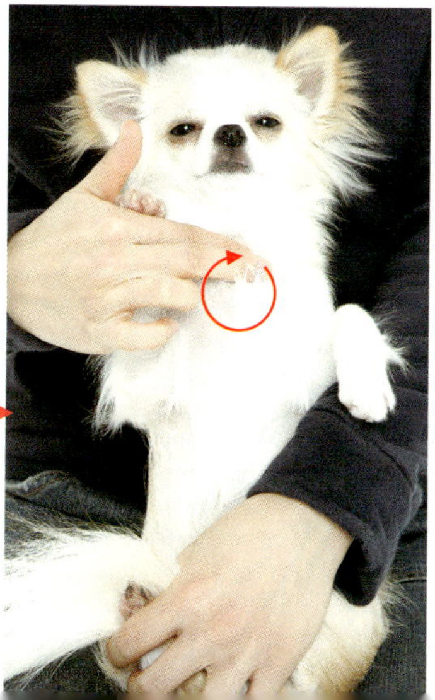

15 胸を円を描くようになでる。

Point

体をさわるのを嫌がるワンコは、ハンドリング（➡P44～49）の練習を先にやろう。

知っておきたい！チワワに多い病気の症状・原因・治療法

チワワがかかりやすい病気を紹介します。
病気の知識を知っておくことで、
日頃の健康チェックに役立ててください。

気になる症状があるときは動物病院へ連れていこう。

歯の病気

チワワはあごがとがり、歯の生えるスペースが狭いので、歯並びやかみ合わせが悪いコが多いようです。きちんと永久歯に生えかわっているかどうかなど、獣医さんに一度チェックしてもらいましょう。

●乳歯遺残《にゅうしいざん》

通常は生後５～８か月に、乳歯が脱落して永久歯に生えかわります。乳歯遺残は正常な生えかわりが行なわれない状態。下顎の永久歯は乳歯の舌側に、上顎の永久歯は乳歯の口蓋《こうがい》側に生え、上顎犬歯は後側に生えることが多いようです。

遺残乳歯を放置しておくと、かみ合わせが悪いために歯石がつきやすく、歯周病になりやすくなります。獣医さんで乳歯を抜歯してもらいましょう。

●歯肉炎《しにくえん》・●歯周病《ししゅうびょう》

歯の表面に付着した食べ物のかすを放っておくと歯垢や歯石の原因となり、歯肉が炎症を起こします。やがて口臭が強くなり歯肉が赤く腫れて出血したり、痛みでエサが食べにくくなったり、臭いよだれをたらすようになることも。また、症状が進行すると炎症があごの骨にまで達して骨折することもあります。

普段から歯ブラシやガーゼなどで歯磨きをして予防しましょう。歯石がつきにくいドッグフードやおやつ、歯磨き効果のあるオモチャなどもあります。ただし、虫歯などによいとされているキシリトールは、イヌは中毒を起こす危険性があるので与えないこと。

目の病気

チワワのうるうるした大きな目は、チャームポイントです。しかし、目の病気やトラブルが多い犬種なので普段から注意してチェックしましょう。

結膜炎《けつまくえん》

結膜が炎症を起こし、充血や目ヤニがみられます。かゆみや違和感で目をこするので、目のまわりが赤く腫れて、痛みもともなうことも。細菌やウイルス感染が原因ですが、アレルギーやドライアイ（乾性角結膜炎）による場合もあります。

角膜炎《かくまくえん》・角膜潰瘍《かくまくかいよう》

目に異物などが混入し角膜表面が傷つき、炎症を起こした状態を角膜炎、炎症が角膜上皮から角膜固有層まで進み深い傷が形成された状態を角膜潰瘍といいます。傷ついた角膜は白く濁り、痛みでまばたきしながら涙を流します。

シャンプーやロングヘアの抜け毛が入ることが原因になることも。シャンプーを目に入れないように注意し、抜け毛やゴミがついたときは人工涙液などで洗い流してあげましょう。

獣医さんでは、抗生物質や点眼薬、人工涙液などが処方されます。治療中は、床などに目をこすりつけたりしないよう注意してください。重度の場合、治療用ソフトコンタクトレンズを使用したり、手術して目を保護することもあります。

緑内障《りょくないしょう》

眼球の中を満たしている液体を外に排出できなくなり、眼圧が高くなり、視神経を圧迫して障害を起こします。瞳に光をあてると、水晶体が緑色に見えるのが発病した状態。激しい痛みと視力低下、症状が進行すると視力を失うことも。治療には、眼圧を下げる薬を使ったり、強膜に穴をあけ眼房水を調節する手術を行ないます。

流涙症《りゅうるいしょう》

涙が増加し、目からあふれる状態をいいます。結膜炎や角膜炎、まつげなどの刺激で涙が過剰に出ている場合と、排出管が詰まって内眼角からあふれている場合とがあります。

顔面に流れ出た涙は酸化し、眼の下の被毛を赤褐色に変色する涙ヤケになります。毛色がホワイトやクリーム、フォーンのチワワはとくに目立つので、気にする飼い主さんが多いようです。専用のローションで毎日ふくことで目立たなくなります。

白内障《はくないしょう》

白内障は水晶体が白く濁り見づらくなる視力障害で、物にぶつかるなどするようになります。症状が進行すると散歩を嫌がる、寝ている時間が長くなる、音や刺激に過剰に驚くなどがみられます。

加齢とともに発症する老年性白内障（６歳以上）、遺伝的素因が考えられる先天性・若年性白内障（５歳以下）、糖尿病や目のケガや腫瘍が関係している場合も。悪化すると水晶体脱臼や緑内障を併発し、失明する場合もあります。

治療には、進行を遅くする目薬や抗酸化作用のある犬用サプリメントを使用。早期であれば、手術で視力が回復する場合もあります。

水晶体脱臼《すいしょうたいだっきゅう》

水晶体を支えている部分が切れて、水晶体が変位、脱臼し、激しい痛みをともないます。緑内障を誘発することも多く、水晶体を摘出する手術を行ないます。

耳の病気

犬は人より遠くの音をとらえ、音域も広いという優秀な耳をもっています。
清潔に保ち、病気を予防しましょう。

外耳炎《がいじえん》

細菌やマラセチア、耳カイセンなどが外耳道に寄生すると、犬が耳の後ろをかいたり、床にこすりつけたり、頭を振ったりするようになります。耳道は炎症を起こし、痛みやかゆみが悪化。

耳そうじのとき、悪臭がする、黄色や茶褐色の耳アカが大量にとれる、かゆみや痛みがある、赤く腫れるなどが見られたら獣医さんに相談を。点耳薬や内服薬、洗浄液などで治療します。耳そうじの回数が多すぎたり、乾いた綿棒で強くこすると、耳を傷つけます。洗浄液などで湿らしたコットンで、届く範囲をやさしくふくようにしてください。

老齢性難聴《ろうれいせいなんちょう》

年齢を重ねるとともに、飼い主の呼びかけや日常的に聞こえる音に対して反応が鈍くなったり、寝ているとき近づいても起きなくなったりします。老年性の難聴は治療できませんが、外耳炎や中耳炎は難聴を助長するおそれがあるので早めに治療し、いつも耳を清潔に保ちましょう。

皮膚の病気

皮膚にはさまざまな役割がありますが、とくに重要なのは感染を防ぐ免疫機能。かゆみがあったり、脱毛、フケっぽい、しこりがあるときは病気かもしれません。日頃からチェックしてあげましょう。

膿皮症《のうひしょう》

すり傷、虫刺され、かき傷や、過度なシャンプーなどが原因で、細菌が感染して化膿。皮膚が赤くなり、かゆみや脱毛がみられます。慢性化した皮膚は色素沈着で黒くなることも。口のまわりや顔、足の付け根、内股、指の間に出やすい病気。治療には抗生物質を使います。薬用シャンプーで皮膚を清潔に保つ、犬がなめないよう通気性のよい洋服を着せる、皮膚の免疫力をあげるビタミンEや必須脂肪酸を含む食餌を与えるなどで、治りも早く予防にもなります。

マラセチア皮膚炎《まらせちあひふえん》

マラセチアは酵母菌の一種で、感染した皮膚は赤く脂っぽくなり、激しいかゆみをともないます。犬がかきこわすため、皮膚に色素沈着が起こり、脱毛して独特の臭いを発します。薬浴と抗真菌剤で治療します。

外部寄生虫性皮膚炎《がいぶきせいちゅうせいひふえん》

■ノミ

ノミは犬の血を吸い刺激を与え、瓜実条虫《うりざねじょうちゅう》を媒介し、ノミアレルギー性皮膚炎を起こします。かゆみをともない、犬が皮膚をかき壊すと細菌などの二次感染を起こす原因に。抗生物質や薬浴で二次感染を抑え、駆虫薬や忌避剤でノミの付着を予防します。

■マダニ

山林や河原や公園などの草むらに潜み犬の皮膚に寄生し吸血。宿主に貧血を起こしたり、生命にかかわる病気も媒介します。駆虫薬や忌避剤で予防できますが、ブラッシングやシャンプー時に皮膚の様子を観察するよう心がけましょう。

■毛包虫症《もうほうちゅうしょう》（ニキビダニ）

健康な犬にも少数存在し、免疫力が低下したときなどに増殖し発症。1歳未満での発症が多く、目や口の周囲や四肢からはじまり、細菌などの二次的感染によりかゆみと炎症を起こします。薬浴や駆虫薬で治療します。

骨や関節の病気

体がとても小さいチワワは、骨や関節の病気が起こりやすい犬種です。
環境にも気をつけましょう。

●膝蓋骨内方脱臼《しつがいこつないほうだっきゅう》

後ろ足の膝蓋骨が、正常な位置から内側にはずれて歩行困難になります。重度の場合、外科手術が必要とされることも少なくありません。軽度であれば、消炎剤やグルコサミン・コンドロイチン硫酸などの軟骨保護薬が症状を軽減します。

とくにシニア犬になると、急激な動作などで靭帯《じんたい》が断裂してしまうことがあります。太るとひざに負担がかかるので体重管理に気をつけ、床を滑らないようにする、段差を工夫するなど、環境づくりにも気をつけてあげましょう。

●骨折《こっせつ》

チワワを抱き上げたときにあばれて落としてしまった、自転車のかごから落下したなど、落下による骨折に注意。他にも、ドッグランで他の犬に追いかけられて地面のくぼみに足をとられた、ドアにはさんでしまったなど、飼い主の不注意やしつけの問題で起こることが多いようです。治療はギプスや固定器、複雑な場合は手術で患部を固定します。

消化器の病気

下痢にはさまざまな原因が考えられます。
チワワは精神的なストレスが
きっかけになることも多いようです。

●下痢《げり》

水分の多い液状の便になり、血液や粘液が混じることもあります。腹痛で元気や食欲がなくなり、ひどくなると嘔吐をともなうことも。

原因は、寄生虫・ウイルス・細菌・食餌の内容の変化・異物・ストレスなどが考えられます。慢性化しているときには、膵炎《すいえん》・腫瘍・アレルギー・甲状腺機能亢進《こうしん》症などの疑いも。原因をつきとめて排除し、食餌制限、水分を補給しながら治療すること。子犬の場合はとくに、命に関わることもあるので早めに受診しましょう。

呼吸器の病気

せきをしたり、呼吸がいつもとちがわないかなどに
注意してあげましょう。

●ケンネルコフ《けんねるこふ》

ウイルスや細菌が呼吸器に感染。おもな症状は咳や発熱です。とくに子犬や老犬など免疫力の弱い犬が発症しやすく、成犬でも、引越しなどの移動、環境の変化、気温の変化、栄養不足などストレスがかかったりした場合や、さまざまな年齢の犬が集まるようなところでは感染する可能性があります。ワクチンや清潔な環境で予防すること、抗生物質での治療が有効です。

●気管虚脱《きかんきょだつ》

気管がつぶれてせきが出やすくなり、ガーガー、ヒューヒューと苦しそうに呼吸します。先天的に虚弱な場合と、肥満が原因で起こる場合があります。肥満犬は減量、首輪の中止、高温多湿を避ける、興奮させない環境づくりをすることで症状が軽減。重度の場合は、気管を拡張する器具を装着する手術を行なうこともあります。

泌尿器の病気

トイレでの健康チェックが有効です。オシッコの色も確認しましょう。

腎不全《じんふぜん》

腎臓の働きが悪くなり、老廃物が体外に排出されず体内に蓄積。進行すると尿毒症を引き起こして尿が作られなくなり、死に至ります。尿の量が増え、水をよく飲むようになるのが初期症状のサイン。やがて体重減少、食欲不振、尿毒症による嘔吐などがおこります。治療は輸液や血液透析、腹膜透析《とうせき》など。良質のタンパク質をとり、塩分、リンを制限する食餌療法も大切。

膀胱炎《ぼうこうえん》・尿道炎《にょうどうえん》

細菌感染や結石、腫瘍などにより、膀胱や尿道の粘膜が傷つき炎症を起こすため痛み、尿が出にくくなったり、頻尿、血尿などが見られます。尿管や尿道に結石が形成された場合はとくに痛みが強く、抱き上げようとすると激しく抵抗したり鳴き叫んだりします。急性の症状は発熱、元気消失、食欲の低下など。抗生物質、止血剤、消炎剤などで治療。尿石症が原因の場合は、外科手術をすることもあります。

生殖器の病気

避妊や去勢によって予防できるものもあります。

潜在精巣《せんざいせいそう》

オスの精巣は、生まれたばかりの頃は腹腔《ふくくう》にありますが、生後1か月から遅くとも2か月までに、後ろ足の間の陰嚢《いんのう》内に下降してきます。潜在精巣は性ホルモン不足や遺伝的素因で精巣が下降せず、腹腔内にとどまったりそけい部の皮下にとどまってしまう状態。停留した精巣は体温の環境下にあるため生殖能力を欠き、腫瘍化しやすいといわれています。精巣を摘出する手術が腫瘍化のいちばんの予防です。

子宮蓄膿症《しきゅうちくのうしょう》

６歳を過ぎたメス犬の発情後、偽妊娠の時期に多発します。子宮内へ細菌が進入し外陰部から膿状のおりものが排出され、元気がなくなり食欲不振に。子宮頚《けい》管《かん》が閉鎖されると子宮内に膿汁が溜まり、腹腔内に漏れ出すと腹膜炎を起こす可能性があります。多飲多尿、嘔吐、脱水を起こし、治療が遅れると多臓器不全で死に至ることも。避妊手術をすることで予防できます。

寄生虫症

寄生虫には、犬の小腸や大腸などの消化管内に寄生するもの、血管や血液内に寄生するものがあります。子犬は母犬からの感染もあるので、１か月おきに２～３回便検査をするのがおすすめ。室内飼いでも、散歩など蚊に刺されることはあります。蚊の発生する時期のフィラリア予防はもちろん、血液検査を毎年するとよいでしょう。

犬回虫《いぬかいちゅう》、犬鉤虫《いぬこうちゅう》、コクシジウム《こくしじうむ》 など

消化管内寄生虫の感染は、犬が虫卵を水や食物とともに摂取したり、寄生虫を体内に持った中間宿主を摂取することにより成立します。体力のない子犬などへの大量の寄生は下痢を起こし、元気がなくなり、痩せてきます。

バベシア症《ばべしあしょう》、フィラリア症《ふぃらりあしょう》 など

血液内の寄生虫は、吸血性のダニや蚊などの昆虫によって媒介されます。大量の寄生により貧血を起こし、死に至ることもあります。

その他の病気

脳・神経、心臓の病気などについて知っておきましょう。

水頭症《すいとうしょう》

脳内に脳脊髄液《のうせきずいえき》が異常に溜まり、脳組織を圧迫することにより、さまざまな障害が生じます。四肢が麻痺《まひ》して歩けなくなったり、からだが静止していても眼球がふるえたり、痴呆のような症状や発作が起こることも。薬による療法や、脳脊髄液をほかに流す手術をする場合もあります。

先天性の場合がほとんどで、頭頂部の泉門《せんもん》と呼ばれる部分の骨が薄いことが多く、大孔《だいこう》形成不全や環軸椎《かんじくつい》亜《あ》脱臼も原因のひとつといわれます。

僧帽弁閉鎖不全《そうぼうべんへいさふぜん》

心臓の左心房、左心室の間にある僧帽弁が加齢や感染などにより変形したり、きちんと閉まらなくなったり、血液が逆流し肺に負担をかけます。のどに何かつまったようなせきをし、運動を嫌がるのがおもな症状。症状が進行すると肺水腫となり、肺に水が漏れ出るため呼吸困難に陥ります。

治療には強心剤や利尿剤を使いますが、心臓の負担をやわらげるような効果を期待するものであり、心臓をもとどおりに治すことはできません。症状が改善しても、薬をやめてしまったりしないでください。

なるほど チワワ

こころの病気「分離不安症候群」

飼い主が外出したときに、ものを壊したり、吠えたり、トイレ以外の場所で排泄するなどの困った行動を起こすチワワもいます。さらに、ひとりになると食欲がなくなったり、下痢を起こす場合も。こんなときは、分離不安症候群というこころの病気の疑いがあります。

飼い主が外出時に何か恐い思いをした、年をとって認知機能が低下しているなど、原因はいろいろですが、多くは幼少時からの飼い主さんとの不適切な関係に原因があるようです。

子犬の頃から、常に飼い主さんとべったり生活していて、ひとりで過ごしていなかったり、飼い主さんときちんと信頼関係が築けていないと、ひとりでの留守番ができなくなる傾向があります。

行動療法や条件付けで改善しますが、年齢が高くなるほど難しくなります。症状が重いときはしつけの専門家や獣医さんに相談しましょう。

留守中はサークルに入れることでいたずらや事故を予防しよう。

ケガや熱中症などいざというときの処置を知っておく

チワワに急なトラブルがあったとき、病院に連れて行く前にできる応急処置を覚えておきましょう。

万が一のトラブルにも対処できるようにしておこう。

応急処置の仕方

ケガやトラブルのときはすぐに処置することが重要

チワワはとても体が小さいので、遊んでいるときにケガをしないよう、注意が必要です。踏んだり蹴ってしまったり、落下事故などで、骨折することもあるので気をつけましょう。

ケガや事故にあったときは、できるだけ早く病院へ連れて行きますが、飼い主さんでもできる応急処置があるので、対処法を知っておきましょう。

前足の爪から出血しているんですけど

ケガや事故の緊急時には、家でできることはないか、まず電話で獣医師に確認を。

骨折

高いソファやイスなどから飛び降り、骨折するケースがあります。出血があるときは止血し、折れた部分を添え木で固定して、包帯を巻きます。固定したまま、すぐに動物病院へ。

ジャーンプ
キャン!
止血
添え木の上から包帯をまく

出血

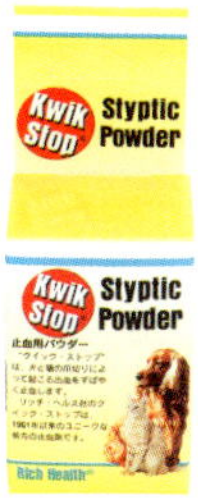

止血剤

出血したときは、傷口にガーゼなどを当てて圧迫し止血します。上から包帯を巻き、そのまま動物病院へ連れて行くこと。出血が多いときは、傷口より心臓に近いところを圧迫します。

深爪で出血した場合は、止血用パウダーを使って圧迫し、包帯か靴下などで、犬がなめないように保護します。

熱中症

チワワは鼻が短く、熱気に弱いので要注意。真夏の屋外や、閉め切った部屋では脱水症状、閉め切った車中は熱がこもりやすく、短時間で死に至ることも。

熱中症になってしまったら、すぐに涼しくて換気のよい場所に移すこと。水をかけたり、ぬれたタオルで包んだりして体を冷やしてすぐ病院へ。意識があるときは、水や薄い食塩水を飲ませます。

のどにモノを詰まらせた

何かを飲み込み、のどに詰まらせてしまうこともあるでしょう。できれば飲み込んだものを、指でかき出します。犬の意識がないときは、足をもって逆さにして振ると、出ることもあります。

取れないモノはムリに取ろうとせず、すぐに病院へ連れて行くこと。

火傷

患部をすぐに冷やすことが重要。熱湯による火傷の場合は、20分以上冷水や保冷グッズをあてて冷やすこと。薬品で火傷してしまったときは、患部をよく水で洗い流してから病院へ連れて行きます。犬は人とちがって水ぶくれができないので、油断しないこと。

年をとってきたら 年齢に合わせたケアで 元気に暮らしてもらう

見た目はかわいく、若く見えるチワワでも、7～8歳を過ぎれば、もう中年といえます。フードの内容、病気、環境などに気をつけて、長生きチワワをめざしましょう！

ゆったり
暮らせるように
気を配ってあげよう。

シニアになったら

7歳をすぎたらシニア犬。生活しやすい環境を整えよう

7～8歳を過ぎたらシニア犬の仲間入り。体全体が少しずつ衰えて寝る時間が増える、動作が鈍くなる、目や耳が悪くなるなどの変化も表れます。飼い主さんの呼びかけや、物音などに対する反応を見て、体の変化を把握しましょう。

シニア犬のチワワに対しては、いままで通りに暮らせるように環境をあまり変えないこと。目が悪くなってきたらとくに、室内の模様がえなどはあまりせず、段差をなくしておきます。

暑さ、寒さにも弱くなるので、気温の変化に気をつけ、寒い時期は暖房をしっかりと。

夏は涼しく、冬は暖かい環境をつくろう。

シニア犬の食事

高タンパク低カロリーのシニア用フードを与えよう

年をとってきたチワワは、消化吸収など内臓機能も衰えてきます。若いときより運動量も減るので、ゴハンのカロリーは控えるのが基本。

消化がよく、高タンパク低カロリーのシニア犬用フードがおすすめです。7～8歳から少しずつ切りかえ、さらに年をとってからは、犬用ミルクでふやかすなどやわらかくする工夫も必要です。

犬の老化現象

加齢によってチワワに訪れる変化をみて、生活環境などにも心配りをしてあげましょう。健康診断は半年に一度、受けさせるのがおすすめです。

耳
働きが悪くなり、だんだん耳が遠くなる。

目
白内障で瞳が白くなり、視力が徐々に衰える。目ヤニも多くなる。

口
あごの力が弱くなる。歯に歯石がたまりやすくなり、口臭も出てくる。歯石をまめにとらないと、歯周病につながることも。

ボディ
筋肉が落ち、動きが鈍くなってくる。足腰も弱くなり、運動したがらなくなる。

被毛
被毛が薄くなり、毛ヅヤも悪く、口や耳のまわりなどに白髪が出てくる。また、皮膚病にもかかりやすくなる。

アドバイス

シニアチワワにおすすめのマッサージ

シニア犬になってくるとだんだん運動量も減り、寝ていることが多くなります。若いときのようにはしゃいで遊んだり、散歩に行かなくなったりすると、飼い主さんとのコミュニケーションも少なくなりがち。さみしい思いをさせないように、抱っこやマッサージなどでスキンシップをはかるのもいいでしょう。

シニア犬になると、腰や肩に負担がかかるワンコが多いようです。おすすめのマッサージのツボを紹介するので、マッサージに活用してください。

腎《じん》兪《ゆ》
腎機能を整え、背中や後ろ足の痛み、膝蓋骨《しつがいこつ》脱臼によいツボ。最後の肋骨の先、腰椎の２番目のあたりの骨を、指ではさむように押そう。

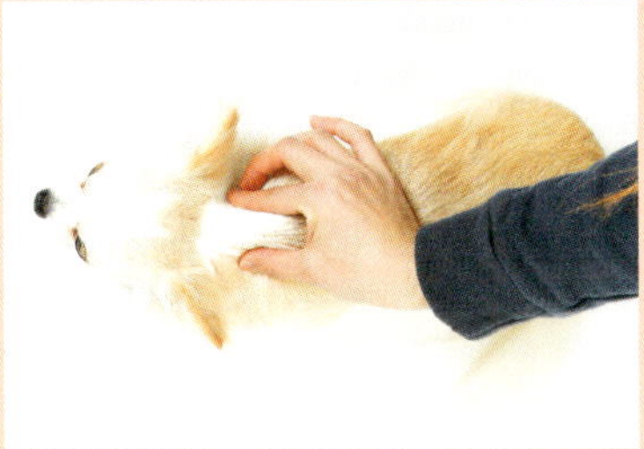

肩《けん》井《せい》
チワワのような小型犬は、首の痛み、コリが出やすい犬種。首の上にあるツボを軽くマッサージしよう。

チワワの繁殖

うちのチワワにかわいい赤ちゃんを産ませてみたい！

繁殖をさせたいときは、
親犬が健康であることが絶対条件です。
また、子犬をすべて自分で飼うのかなど、
あらかじめ計画をたてておきましょう。

1回に生まれる数は
1〜4頭くらい。

繁殖させる前に
親犬の年齢、健康状態など繁殖の条件を考えよう

かわいがっている愛犬の赤ちゃんがほしいというときは、繁殖させる前に、いくつか検討すべきことがあります。

まず、親犬の健康状態は、どうでしょうか。遺伝的な病気はもっていませんか？　かかりつけの獣医さんと、繁殖に関して相談してみましょう。親犬の年齢は、オスは生後11か月以降、メスは3回目以降の発情期がよいでしょう。

チワワは一度に1〜3頭から多いと4〜5頭の子犬を産みます。子犬をすべて育てるのでなければ、里親を探すことも必要。子犬の世話や費用なども考え、交配させるかどうかを決めましょう。

なるほど
チワワ

毛質やカラーなど親犬の組み合わせは？

交配させる親犬は、カラーの組み合わせなどに注意。毛質は、スムース同士、ロング同士のほか、スムースとロングを交配しても問題ありません。チワワらしさを強化するために、ロングにスムースをかけることもあります。

カラーは、クリームなどの淡い色やチョコレートなどの中間色で、同じカラー同士の交配は避けること。めずらしいカラーの交配も慎重にするべきなので、ブリーダーなど専門家に相談するとよいでしょう。

交配から出産まで

パートナー探しから出産、子育てまでの流れを紹介します。繁殖の参考にしてください。

1 パートナーを決めて交配

メス犬が発情期を迎えるのに合わせて、パートナーを探して交配させる。交配する相手は、自分で飼うほか、ブリーダー、ペットショップ、犬種団体などで探すのが一般的。

2 メスが妊娠

妊娠した場合は、交配して約１か月でわかる。じっとしているようになったり、乳房がふくらんでくるのが妊娠のサイン。交配から４週後には、超音波検診で妊娠確認ができるので、獣医さんへ。

3 妊娠期間

犬の妊娠は通常、63日（９週間）前後。４～６週間の妊娠中期には、少しずつ栄養価の高い妊娠用ドッグフードに切りかえよう。７週以降の妊娠後期にはフードの量をやや増やすこと。

4 出産の準備

出産が近づくと母犬は穴を掘るしぐさをはじめるので、産室を用意し、静かな場所に置く。出産の前から体温が平熱（38～38.5度）よりやや下がり、また上がると数時間で陣痛がはじまる。

5 出 産

陣痛がはじまると、数時間かけて１頭ずつ子犬を産んでいく。問題がなければ手を出さず、見守ろう。様子がおかしいときは、すぐに獣医さんへ。

6 新生児の世話

母犬は子犬を産むと、へその緒をかみきり、子犬をなめて呼吸や排泄をさせる。そのまま、子犬たちに母乳を与えたり、日々の排泄の世話をスタートするので、見守ってあげよう。

7 子犬の成長

チワワの新生児は100ｇもないが、10日で約２倍まで成長。生後20日くらいまでは、母犬が排泄の世話を続ける。生後３～５週目頃になったら、子犬用ミルクも併用して与えよう。

We Love Cutie Chihuahua! 6

避妊・去勢について知っておこう

●不妊手術とは？

　チワワの繁殖を望まない場合、不妊手術をするのも選択のひとつです。犬を何頭も飼っている場合には、手術をしたほうがよいケースもあるでしょう。手術にはメリットもデメリットもあるので、獣医さんに相談したうえで飼い主さんの考えで判断してください。

避妊手術

　メスの避妊手術は、卵巣と子宮を摘出します。発情や偽妊娠がなくなり、子宮の病気や乳腺腫瘍の予防になります。

去勢手術

　オスの去勢手術では、睾丸を摘出します。前立腺や生殖器の病気予防になること、発情中のメスに会っても興奮しないというメリットがあります。

●手術はいつ頃、受けるべき？

　メスは生後７～10か月頃に、最初の発情期（ヒート）があります。発情後に排卵が起こり、妊娠が可能になるのです。メスに避妊手術を受けさせるなら、生後半年以降、１回目の発情期前から２回目の発情期前頃までがよいでしょう。
　オスは、不妊のための手術なら、生後半年以降いつでも大丈夫。ただ、生殖器や性ホルモンの病気予防効果を狙うなら、１歳半までには手術するのがおすすめです。

術後は肥満に注意しよう

　メス、オスともに、手術後は太りやすくなります。これは、手術後のほうが、消費する代謝カロリーが下がるためです。フードの量をやや控え、積極的に散歩するなどして気をつけましょう。

避妊・去勢手術をするかどうかは、獣医さんと相談し、よく考えて決めよう。

協力リスト

撮影に協力してくれたワンコたち

- 芳賀ふぅた
- 加藤ノエル
- 木村マリブ
- 木村キャンティ
- 木村ピニャ
- 鈴木COCO
- 菅原マロン
- 渡部モモ
- 宮澤サン
- 俣野ミラ
- 飯田コロン
- 谷　うめ吉
- 谷　かりん
- 五十嵐ガクト
- 佐原mimi
- 足立　花
- 岡田タバサ
- 木村モカ
- 木村リリー
- 木村風子
- 佐竹ラム
- 黒川バニラ
- 豊田みるく
- 深山まめ蔵
- 深山そら
- 菊池クッキー
- 北川メイプル
- 北川マナ
- 吉本パフェ
- 荒井チョコビ
- 飯嶋小梅
- 飯嶋小麦
- 飯嶋　凛
- 飯嶋大和
- 森田ラム
- 和才ソル
- 松岡ティアラ
- 粟野リロ
- 武井シュガー
- 武井ハンナ
- 武井BEBE
- 武井ドレミ

犬関連グッズ協力

●ホワイ　バーディ事業部
〒111-0042　東京都台東区寿3-16-7
tel.03-3842-4107
HP http://www.birdie-net.com

撮影協力

●JOKER（ジョーカー）二子玉川店
（ペットショップ）
〒158-0094　東京都世田谷区玉川3-17-1
玉川高島屋S・C西館1F
tel.03-3707-4112
HP https://www.joker.co.jp/

●トリミングサロン「D-PALACE」
〒180-0021　東京都武蔵野市桜堤3-36-2
tel.0422-52-7494
HP http://www.d-place.jp

●ハーモニーチワワ (HARMONY CHIHUAHUA)
（チワワ専門ブリーダー）
HP http://www.harmony-chihuahua.com
tel.080-4118-8621

※住所、電話番号、ホームページのURL、E-mailのアドレスは変更される場合があります。

※掲載商品は、各店舗の都合により、取り扱いを終了している場合があります。

監修者紹介

前田智子〔まえだ　ともこ〕

家庭犬トレーニングインストラクター。日英家庭犬トレーニング協会認定トレーニングインストラクター。一級愛玩動物飼養管理士。家庭犬・警察犬訓練所で修業ののち1994年独立。犬のしつけ教室を主催するほか、動物病院、ペットショップ、犬の里親会などで家庭犬トレーニングインストラクターとして活躍している。「ワンちゃんは家族の一員から社会の一員へ」がモットー。人も犬も快適に暮らせるように、飼い主さんにワンちゃんのトレーニング方法や矯正方法を伝えるほか、飼い主さん自身のマナー向上も呼びかけている。飼い主さんを楽しませながらやる気にさせるトレーニング法には定評があり、多くの飼い主とワンちゃんを快適な生活へと導いている。雑誌等でも活躍中。
本書では全体の監修のほか、おもにPART 1・PART 2・PART 3を担当。E-mail:liebe.t-1.ewig22@ae.auone-net.jp
■プリモ動物病院（相模原・厚木ほか）で前田智子先生による「パピーレッスン」「しつけ相談」を開催しています。
http://www.primo-ah.com

取材協力

- **青沼陽子**
  東小金井ペットクリニック院長
  (PART 4・PART 6を担当)
  http://pet-clinic.info/
- **木村理恵子**
  トリミングサロン「D-PLACE」店長
  (PART 5を担当)
  http://www.d-place.jp

STAFF

- 構成・編集・制作 —— GARDEN／小沢映子
- 写真 —— 中村宣一
- ライター —— 宮野明子
- 本文デザイン —— R-coco／清水良子
- 本文イラスト —— 池田須香子
- 企画・編集 —— 成美堂出版編集部／駒見宗唯直・菅原 悠

チワワの飼い方・しつけ方

監　修　前《まえ》田《だ》智《とも》子《こ》
発行者　深見公子
発行所　成美堂出版
〒162-8445　東京都新宿区新小川町1-7
電話(03)5206-8151　FAX(03)5206-8159
印　刷　TOPPAN株式会社

ISBN978-4-415-30055-9
落丁·乱丁などの不良本はお取り替えします
定価はカバーに表示してあります